新型农民现代农业技术与技能培训丛书

奶牛防疫员培训教材

编著者
侯引绪　严宝英
倪和明　魏朝利

金盾出版社

内 容 提 要

本书是“新型农民现代农业技术与技能培训丛书”的一个分册，由北京农业职业学院等单位的有关专家精心编著。内容包括：奶牛防疫员的岗位职责与素质要求，奶牛解剖基本知识与奶牛疫病防治特点，奶牛传染病防治的基本知识，消毒技术，防疫检疫技术，基本临床检查技术，一般治疗技术，驱虫技术，奶牛几种主要传染病的防控与扑灭措施等。本书从强化培养操作技能、掌握一门实用技术的角度出发，较好地体现了奶牛防疫岗位当前最新的实用知识和操作技能，理论深入浅出，语言通俗易懂，适用于县（市）、乡（镇）和农业企业奶牛防疫员的岗位培训，亦可供广大青年农民和农业院校相关专业师生阅读参考。

图书在版编目(CIP)数据

奶牛防疫员培训教材/侯引绪等编著．—北京：金盾出版社，2008.3

（新型农民现代农业技术与技能培训丛书）

ISBN 978-7-5082-4943-8

Ⅰ．奶…　Ⅱ．侯…　Ⅲ．乳牛-兽疫-防疫-技术培训-教材
Ⅳ．S858.23

中国版本图书馆 CIP 数据核字(2008)第 001979 号

金盾出版社出版、总发行

北京太平路 5 号(地铁万寿路站往南)

邮政编码：100036　电话：68214039　83219215

传真：68276683　网址：www.jdcbs.cn

封面印刷：北京大天乐印刷有限公司

正文印刷：北京金盾印刷厂

装订：蓝迪彩色印务有限公司

各地新华书店经销

开本：850×1168 1/32　印张：5.5　字数：126 千字

2008 年 3 月第 1 版第 1 次印刷

印数：1—10000 册　定价：9.00 元

序　言

中共中央国务院[2007]1号文件明确指出，加强“三农”工作，积极发展现代农业，扎实推进社会主义新农村建设，是全面落实科学发展观、构建社会主义和谐社会的必然要求，是加快社会主义现代化建设的重大任务。

我国农业人口众多，发展现代农业、建设社会主义新农村，是一项伟大而艰巨的综合工程，不仅需要深化农村综合改革、加快建立投入保障机制、加强农业基础建设、加大科技支撑力度、健全现代农业产业体系和农村市场体系，而且必须注重培养新型农民，造就建设现代农业的人才队伍。

胡锦涛总书记在党的十七大报告中进一步指出，要培育有文化、懂技术、会经营的新型农民，发挥亿万农民建设新农村的主体作用。

新型农民是一支数以亿计的现代农业劳动大军，这支队伍的建立和壮大，只靠学校培养是远远不够的，主要应通过对广大青壮年农民进行现代农业技术与技能的培训来实现。金盾出版社在对农业岗位培训进行广泛调研的基础上，与中国农业大学老科技工作者协会、华中农业大学老教授协会等单位共同策划，约请数百名农业专家、学者参加，组织编写了“新型农民现代农业技术与技能培训丛书”(以下简称“丛书”)。“丛书”坚持从现阶段我国青壮年农民的文化技术水平出发，突出现代农业技术与技能的传授，注重其先进性和实用性；“丛书”以教材形式编写，共有88个分册，涉及81个农业岗位，除水稻农艺工、蔬菜园艺工、蔬菜植保员、果树植保员分南方本和北方本外，其他均为一个岗位一本培训教材，以方便县(市)、乡(镇)、村组织新型农民培训和农业企业进行岗位培训时选用。“丛书”的组编和出版，还得到了河北农业大学、沈阳农业大学、西北农林科技大学、甘肃农业大学、北京农学院、山东畜牧兽医职业技术学院、大连民族学院、中国农业科学院茶叶研究所、中国农业科学院油料研究所、中国农业科学院郑州果树研究所、中国农业科学院特产研究所、中国农业科学院桑蚕研究所、中国养蜂学会、内蒙古自治区农牧科学院、甘肃省蔬菜研究所、山东省果树研究所、广西壮族自治区柑桔研究所、山西省畜牧兽医研究所等单位部分专家、教授的支持和参与，并列入劳动和社会保障部《全国职业培训与技能鉴定用书目录》，进行推荐，使我们深感欣慰，在此表示衷心感谢。我们希望和相信，通过“丛书”的出版发行，能为新型农民队伍的发展壮大贡献一份力量，也能为现代农业技术与技能培训积累一些可供借鉴的经验。

“丛书”编写时间有限，各分册存在不足或错漏在所难免，恳请同仁和各使用单位批评指正。

编 委 会

2008 年 1 月

前　言

对现代新型农民进行岗位技能培训，是社会主义新农村建设的必然要求，也是进一步提升农村综合实力的一个重要途径。在金盾出版社的大力支持下，特编写了这本《奶牛防疫员培训教材》，力求以最新的奶牛疫病防治理念、公共卫生安全理念和奶牛疫病防治技术，为在奶牛防疫员岗位上工作的同志提供一些帮助。

全书通过奶牛防疫员的岗位职责与素质要求、奶牛解剖基本知识与奶牛疫病防治特点、奶牛传染病防治的基本知识、消毒技术、防疫检疫技术、基本临床检查技术、一般治疗技术、驱虫技术、奶牛几种主要传染病的防控与扑灭措施等9个方面系统地介绍了奶牛防疫员的岗位工作内容，图文并茂，语言通俗易懂，技术先进实用。

在本书的编写过程中，中国畜牧兽医学会奶牛疾病工作委员会主任、牛病防治专家齐长明教授对本书做了指导审阅；北京农学院倪和明副教授、陕西省动物疫病预防控制中心高级兽医师严宝英、北京华秦源生物技术开发有限公司高级兽医师魏朝利同志均做了不少工作，在此深表感谢。

由于笔者水平有限，书中不妥之处在所难免，敬请广大读者、同行批评指正。

编著者

2007年9月

目　录

第一章　奶牛防疫员的岗位职责与素质要求

保证奶牛健康、有效防治奶牛疾病、杜绝重大疫情发生是实现奶牛养殖效益的前提和保障。事实证明，用于奶牛疾病预防的开支总是低于治疗奶牛疾病所造成的损失，在提高奶牛生产效率的任何计划中，牛群防疫保健工作具有十分重要的意义。

2007 年 1 月 26 日，国务院出台了《关于促进畜牧业持续健康发展的意见》，提出了大力发展健康养殖的指导思想，指出了我国畜牧业的发展方向，健康养殖势在必行。健康养殖是以保护动物和人类健康、生产无公害畜产品为目的，其核心在于体现经济、社会和生态效益的高度统一。做好奶牛防疫工作，是实现奶牛健康养殖，生产绿色牛奶、有机牛奶，防止环境污染的重要工作。

奶牛场和奶牛小区的防疫员是牛群防疫计划的具体执行者，其工作岗位看似平凡但意义重大，不仅要熟练掌握一定的技能，还必须具有一定的兽医专业知识。

一、奶牛防疫员的岗位职责

防疫员工作是兽医工作的一个组成部分，是在兽医领导下进行具体操作的技术人员。防疫员的工作内容相当于护士的工作内容。协助兽医做好奶牛疾病防治工作、实现牛群保健目标，在兽医出具处方或防治方案后进行具体的防治操作。

奶牛防疫员的日常工作包括如下方面：一是管理、维护由牛场办公区进入生产区的防疫消毒通道；二是做好牛场职工日常防疫管理、监督工作；三是做好场区内环境消毒器材、消毒剂的维护、保管和使用，并指导各生产车间的日常消毒工作；四是按照例行的检疫计划及时采血送检；五是配合兽医做好牛群的场内检疫和免疫注射工作；六是发生疫情时，积极配合上级主管单位和兽医做好发病牛群的隔离、封锁、防治和观察工作；七是按照牛群乳房保健计划做好奶牛乳房卫生保健工作，定期检测隐性乳房炎发病情况；八是按照制定的代谢病监控计划，做好奶牛代谢病监控和测报工作；九是在兽医确定具体的治疗方案后，做好具体的防治处理工作；十是密切关注牛群状况和周边地区疫情发生状况，发现问题及时向兽医部门汇报，将疫情隐患消灭在未造成损失之前。

二、奶牛防疫员的素质要求

奶牛防疫员的工作看似简单，但涉及的知识范围较广，不仅要掌握注射、灌药等基本技能，还必须深刻理解疫病发生、传播等环节的基本知识。另外，还需要认识牛病防治特点和基本的诊断、药理等知识。所以，奶牛防疫员不仅是一个技能性工种，而且还必须具有一定的专业技术知识做支撑。

奶牛防疫员所要求的专业知识在广度、深度上不及兽医，但其岗位的重要性与兽医岗位一样重要。治疗对于挽救个体病牛是至关重要的，但对于挽救整个牛场的生产来说，防疫则更为重要。因为治疗仅是补救性措施，是在各种生产损失已经发生后才进行的工作，奶牛场和奶牛小区在牛病防治上坚持的基本原则是防重于治。因此，防疫员要充分认识本岗位的重要性，具备较高的职业素养，努力学习相应的技能、知识和相关的公共卫生法规。

(一)技术业务素质

奶牛防疫员相当于牛场兽医的助手，在完成牛群保健和疾病诊断、防治中起着重要作用。一个得心应手的助手，有助于充分发挥兽医人员的技术优势，取得良好的防治效果，对提高牛场经济效益有着不可轻视的作用。

一个优秀的奶牛防疫员应具备如下几方面的技能和基本知识：第一，深刻理解奶牛疫病发生、传播等方面的基本知识，掌握奶牛疫病预防的基本措施；第二，了解奶牛疾病的基本类型，熟知奶牛有哪些主要传染病和多发病，明确各饲养阶段和季节的防疫重点；第三，掌握奶牛场防疫、检疫基本操作技能；第四，对牛的基本生理特点和行为特点有较充分地了解；第五，熟悉奶牛场的生产管理程序；第六，掌握消毒剂的使用方法，了解常规治疗药物的使用方法；第七，了解牛群乳房保健计划，掌握隐性乳房炎检测技术；第八，了解奶牛场代谢病监控计划，掌握采样技能，并掌握一些简单的现场快速检测技术；第九，掌握奶牛兽医临床上的基本治疗处理技能；第十，掌握常用疫苗的适用情况和使用方法。

（二）思想素质

先进的思想素质是保证奶牛防疫员做好本职工作的前提和保障。作为一个优秀的奶牛防疫员，应注重如下几方面思想认识的提高：第一，奶牛防疫员是保证健康养殖、生产绿色牛奶和有机牛奶的直接工作者，要充分认识本职工作的重要性，用现代生产观念武装自己，深刻理解疫病与人类健康质量的关系，树立先进的奶牛健康安全生产意识；第二，积极学习相关的奶牛防疫法规，自觉维护国家和人民利益，树立岗位法规意识；第三，爱岗敬业，乐于学习提高，及时掌握新技能、新知识，树立不断学习提高和发展的良好素养；第四，急奶牛场或奶农之所急，锻造不怕苦、不怕累、不怕脏的工作风格；第五，树立认真、仔细、敏锐的良好职业素养。

第二章 奶牛解剖基本知识与奶牛疫病防治特点

奶牛防疫员的工作职责是在兽医领导下完成奶牛场的防疫工作。防治奶牛疾病是本岗位的工作定位,岗位工作的主体对象是奶牛。因此,了解奶牛解剖基本知识,掌握奶牛疫病防治特点,是奶牛防疫员完成工作目标的一个基本知识保障。

一、奶牛解剖基本知识

奶牛体型巨大,成年牛体重一般在500千克以上。牛体各部位形态、质地、颜色各不相同,熟悉这些情况对观察和发现病理变化十分必要。另外,对奶牛疾病的治疗操作也要涉及具体的牛体部位。所以,奶牛防疫员必须熟悉牛体各部位的特点和名称(图2-1)。

另外,作为一个优秀的奶牛防疫员也有必要对奶牛的基本解剖知识有所了解,奶牛部分内脏器官见图2-2和图2-3。

二、奶牛疫病防治特点

对于不同动物来说,在疾病发生、发展、防治方面各有特点。例如,牛不会患猪瘟,猪不会患创伤性心包炎,羊不患鸡瘟等,这就是疾病在不同种类动物之间所表现出的特点。即使同一疾病在不同动物中发生,也会表现出不同的特点。例如,狗产后瘫痪(产后癫痫)兴奋期较长,而牛产后瘫痪兴奋期很短;牛子宫脱出对其繁

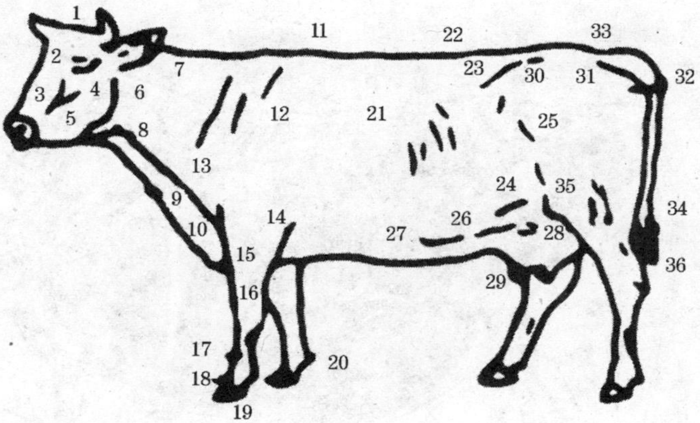

图 2-1　牛体各部位名称示意

1. 枕骨脊　2. 额　3. 鼻梁　4. 颊　5. 下颌　6. 颈　7. 后颈　8. 喉　9. 垂皮　10. 胸　11. 鬐甲　12. 肩部　13. 肩端　14. 肘　15. 前臂　16. 腕　17. 管部　18. 系　19. 蹄　20. 悬蹄　21. 肋　22. 背　23. 腰　24. 后肋　25. 股　26. 乳静脉　27. 乳井　28. 乳房　29. 乳头　30. 腰角　31. 荐骨　32. 坐骨结节　33. 尾根　34. 尾帚　35. 膝关节　36. 跗关节

殖性能影响不是很大，而猪的子宫脱出会严重影响其繁殖性能，甚至会导致母猪死亡。深刻了解奶牛疾病发生、发展、防治特点，有助于奶牛防疫员圆满履行其职责。

第一，奶牛疫病对公共卫生影响巨大。在奶牛的传染病中，炭疽、结核病、牛布鲁氏菌病、牛衣原体病、牛钩端螺旋体病、疯牛病等都可以通过人、牛接触或乳品传染给人，对公共卫生安全造成严重影响。

由于奶牛每天要挤 3 次奶，相对于其他动物而言，在奶牛饲养管理过程中，人和牛直接接触时间较长，如果奶牛的疫病防控工作做得不好，就会影响到人体健康。

另外，牛奶是一个特殊产品，高温加热会破坏牛奶的营养价

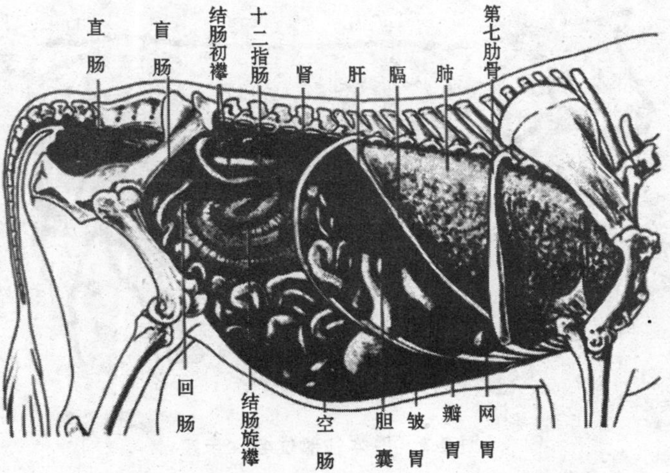

图 2-2　牛右侧内脏结构

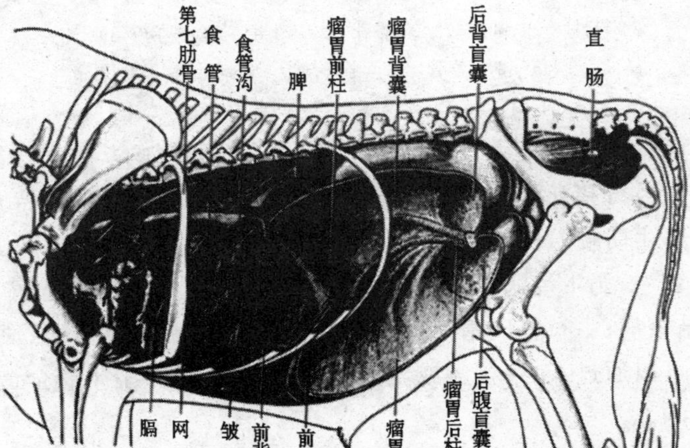

图 2-3　牛左侧内脏结构

值。所以，为了减少对牛奶营养价值的影响，在牛奶制品的消毒过程中多选用巴氏灭菌法、超高温瞬时灭菌法等，这些灭菌方法与肉食品的灭菌方法相比，灭菌效果较差。所以，奶牛疫病对公共卫生影响巨大，做好奶牛疫病防控工作对公共卫生安全意义重大。

第二，奶牛个体成本巨大，疫病损失惨重。个体治疗在牛病防治中具有重要意义。1 头犊牛从出生到产犊泌乳（投入生产），一般需要 27 个月的时间。如果每日的饲养成本按 10 元人民币（最保守的饲养日成本）计算，27 个月的培育累积成本就是 8 100 元。这样巨大的培育成本投入，是任何家畜都无法与之相比的。一旦发生严重疫病，经济损失惨重。这就要求奶牛场或奶牛小区的防疫员必须具有高度的责任心，关心每一头牛的健康状况。在严格做好例行的群防群治工作基础上，针对个体病例及时进行诊断治疗也是提高养牛经济效益的一个重要途径，因为治愈一头奶牛可挽回经济损失近万元人民币。与猪场、羊场、鸡场相比，奶牛防疫员在个体病例治疗上花的时间要比其他家畜多得多。

第三，奶牛属于大家畜，饲养年限较长，其自然年龄为 15～20 岁，生产寿命一般为 6～8 岁。这一特点导致了奶牛的内科病、外科病和产科病累积较多，学习掌握一定的治疗处理技能，也就成了对奶牛防疫员的一项必然要求。

第四，奶牛有 4 个胃（图 2-4），相对于单胃动物来说，消化系统疾病增多。这一特点实际上是由牛消化系统的结构特点所决定的。随着饲养目标和饲养模式的发展变化，在奶牛的胃病中，前胃（瘤胃、网胃、瓣胃）疾病相对有所下降，而皱胃疾病明显增多，呈现胃病后移的趋势。

第五，奶牛对饲料、饲草的消化主要是通过瘤胃中的微生物以发酵的形式来完成。如果我们在治疗奶牛疾病时，给牛较长时间口服大量抗生素，就会杀死或破坏牛瘤胃中的微生物区系，导致牛无法消化饲草、饲料，甚至导致牛抗生素中毒。这一特点严重限

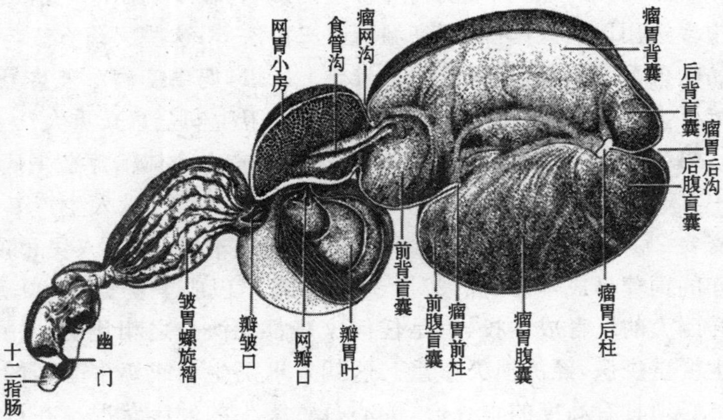

图 2-4　牛胃结构

制了我们在牛病防治中的用药途径。在很多情况下，我们只能采用注射等方式进行给药治疗，这就增加了牛病防治的难度。

第六，奶牛耐冷怕热，暑期是奶牛疾病多发期。高温季节不仅会影响奶牛的生产性能，也导致奶牛免疫力下降，传染病对奶牛的威胁明显增大。胎衣不下、子宫内膜炎、酮病、产后瘫痪等的发病率也显著增高。

思考题

1. 奶牛疫病对公共卫生影响巨大，对此说法你是如何理解的？
2. 奶牛疫病防治有何特点？

第三章　奶牛传染病防治的基本知识

传染病对动物和公共卫生安全危害巨大，防止传染病发生是奶牛防疫员的中心工作。所以，奶牛防疫员必须对传染病的基本知识有所了解，从传染病发生和流行过程的特点中找出规律，采取相应的措施，预防或中断流行过程的发生和发展，这对做好防疫工作具有十分重要的意义。

一、奶牛传染病的病原体

传染病的病原体在自然界分布极广，种类繁多、数量巨大，主要包括细菌、病毒、立克次氏体、螺旋体和真菌等。

(一)细　菌

细菌是一种常见的病原微生物，必须在显微镜下放大 500～1 000 倍才能看见。细菌的形态分为 3 类，即球菌、杆菌、弧菌。有些细菌外面还有一些特殊的结构如芽孢、荚膜、鞭毛等。

由细菌感染而引起的传染病叫细菌性传染病，如牛结核病、布鲁氏菌病、炭疽等。

(二)病　毒

病毒是病原体中最小的一种病原微生物，它缺乏完整的细胞结构，比细菌小，需要放大几万倍甚至几十万倍，在电子显微镜下才能看见。病毒没有独立的酶系统，不能独立生活，必须在细胞内营寄生生活。病毒可在细胞内控制细胞的代谢系统，由机体细胞供给原料、能量、酶等，由机体细胞按照病毒的要求复制出大量的新病毒。

由病毒引起的传染病叫病毒性传染病,如口蹄疫、牛流行热等。

(三)立克次氏体

立克次氏体是介于细菌和病毒之间的一种病原微生物,其形态结构和繁殖方式像细菌,个体比细菌小、比病毒大,在显微镜下可以看见。它的生活特性像病毒,必须在细胞内寄生生活。

(四)支原体

支原体是介于细菌和病毒之间的一种病原微生物,没有细胞壁,因此形状不一,一般呈颗粒状、环状、卵圆形或丝状,如牛传染性胸膜肺炎的病原体就是支原体。

(五)螺旋体

螺旋体是介于细菌和原虫之间的一种病原微生物。它同细菌一样以二分裂方式进行繁殖,又像原虫能自动弯曲、收缩,可自行运动。常引起家畜疾病的螺旋体为密螺旋体、钩端螺旋体和疏螺旋体等。

(六)真菌

真菌是比较高级的一种病原微生物。菌体比细菌大,结构比细菌复杂,有单细胞(如酵母菌)和多细胞(如霉菌)两大类。真菌的孢子像植物的种子一样,在适宜的环境下发芽,芽管逐渐延长形成丝状的菌丝。

二、传染病的流行过程

动物传染病的流行过程是病原体从传染源排出,经一定的传播途径，侵入另一易感动物体内，形成新的传染并不断传播的过程，也就是从动物个体感染发病发展到动物群体发病的过程。这个过程一般需经3个阶段：病原体从受传染的机体（传染源）排出，病原体在外界环境中停留，经过一定的传播途径，侵入新的易感动物体形成新的传染，如此连续不断地发生、发展就形成流行过程。一般认为，动物传染病的流行需要具备传染源、传播途径和易感动物3个环节，同时受到社会条件和自然条件的影响和制约。

（一）传染源

传染源是指某种传染病的病原体在其中寄居、生长、繁殖，并能排出体外的动物机体。动物传染病的病原体和其他的生物种属一样，它们的生存需要一定的环境条件。病原体在其形成的过程中，对某种动物机体产生了适应性，即这些动物机体对其有了易感性。有易感性的动物机体相对而言是病原体生存最适宜的环境条件，因此病原体在受感染的动物体内不但能够栖居繁殖，而且还能持续排出。传染源包括患病动物、病原携带者以及人兽共患病患者。

1. 患病动物　处于不同患病时期的患病动物作为传染源的情况也不相同，多数传染病在发病期排出的病原体数量大、次数多、毒力强。那些临床症状不典型的慢性患病动物，虽然排出病原体的数量较少，但不易被人发现，也是危险的传染源。

2. 病原携带者　病原携带者是指外表无症状但携带并排出病原体的动物。病原携带者排出病原体的数量一般不及患病动物，但因缺乏症状，往往不容易引起人们的注意，有时可成为十分重要的传染源。如果检疫不严，还可以随运输动物散播到其他地区，造成新的传播。

病原携带者一般分为潜伏期病原携带者、病后病原携带者和健康病原携带者3类。

(1)潜伏期病原携带者　是指感染后至症状出现前能排出病原体的动物。多数患传染病的动物,在潜伏期不具备排出病原体的条件,但有少数传染病如口蹄疫等,在潜伏期后期能够排出病原体,成为传染源。

(2)病后病原携带者　是指在临床症状消失后仍能排出病原体的动物。一般说来,当患病动物临床症状消失后,机体各种功能障碍基本得到恢复,这个时期的传染性很小或已无传染性。但还有不少传染病病畜在临床痊愈的恢复期,仍然能排出病原体,个别的患病动物甚至可延续终生。

(3)健康病原携带者　是指过去没有表现出患过某种传染病,但能排出该种病原体的动物。一般认为这是隐性感染的结果,或为健康带菌现象。

病原携带者存在间歇排出病原体的现象,而且病原携带状态的期限长短不一。一般急性传染病的带毒(菌)期在3个月以内,慢性传染病的带毒(菌)期长达数月以至数年之久。消灭病原携带者和防止引入病原携带者是动物传染病防治工作的主要任务之一。

3. 人兽共患病患者　如患炭疽、布鲁氏菌病、结核病和钩端螺旋体病等,可以由病人的排泄物、分泌物感染动物。病原体从动物体内排出后,可以在排泄物、分泌物内存留一定时间,有的病原体可在粪便、用具和土壤里存活。

4. 传染源排出病原体的途径　传染源以各种不同途径向周围环境散播病原体。了解它的排出途径,有利于对分泌物、排泄物中的病原体进行合理的消毒。

(1)随粪便排出　如炭疽、破伤风、恶性水肿、结核病、布鲁氏菌病等。患呼吸道传染病,气管分泌物中的病原体往往从咽喉咽下,随粪便排出。

(2)随尿液排出　如布鲁氏菌病、钩端螺旋体病、牛肺疫等。

(3)随鼻分泌物排出　如牛流行热、结核病等。

(4)随眼结膜分泌物排出　如牛传染性角膜、结膜炎等病。

(5)随唾液排出　如口蹄疫、牛衣原体病等。

(6)随乳汁排出　如结核病、布鲁氏菌病、口蹄疫等。

(7)随皮肤溃疡分泌物和脱落的皮肤上皮排出　如牛痘疮、钱癣等。

(8)随血液排出　如牛附红细胞体病、牛泰勒虫病等。

(9)随生殖器官分泌物排出　如布鲁氏菌病、牛衣原体病、结核病等。

(二)传播途径

传播途径是指病原体从传染源排出后侵入另一易感动物所经过的途径。在某种传染病的流行过程中,若能切断传播途径,即可防止流行,这是防治奶牛传染病的重要环节之一。

1. 直接接触传播　是在没有任何外界因素的参与下,传染源与易感动物直接接触如交配、舔咬等而发生传播的传播方式。以直接接触为主要传染途径的疫病为数不多,在家畜传染病中狂犬病具有代表性,通常只有被病畜直接咬伤,狂犬病病毒随唾液带进伤口,才有可能引起发病。仅能以直接接触而传播的传染病其流行特点是一个接一个地发生,形成明显的链锁,一般不易造成广泛的流行。

2. 间接接触传播　必须在外界环境因素的参与下,病原体通过传播媒介使易感动物发生传染的方式,称为间接接触传播。从传染源将病原体传播给易感动物的各种外界环境因素称为传播媒介。传播媒介可能是生物,也可能是无生命的物体。

大多数传染病如口蹄疫、牛流行热、结核病等以间接接触为主要传播方式,同时也可通过直接接触传播。两种方式都能传播的传染病也可称为接触性传染病。

间接接触一般通过以下几种途径而传播。

(1)经空气(飞沫、飞沫核、尘埃)传播　在某些传染病患病动物的呼吸道内含有大量的病原体,当患病动物咳嗽、打喷嚏时,随飞沫散布于空气之中,大滴的飞沫迅速落地,微小的飞沫在适宜的温度、湿度条件下,能在空气中飘浮数小时,当健康动物吸入后,可以发生传染,如牛肺疫、牛传染性鼻气管炎等。

在外界生存力更强的某些病原体如结核杆菌、炭疽杆菌等,从患病动物的分泌物、排泄物排出,或处理不当的尸体散布在地上,干燥后与灰尘混合飞扬于空气中,当易感动物吸入后可受传染。

(2)经饲料、饮水传播　此种传播方式对以消化道为主要侵入途径的传染病有重要意义,病原体从传染源排出后,污染饲料、牧草、饮水,被易感动物采食后造成感染。此外,水中含有的病原体如钩端螺旋体等可经皮肤黏膜侵入易感动物体内引起感染。

(3)经土壤传播　有些病原体能在土壤中生存较长时间,当易感动物接触污染土壤时,可能发生传染,如炭疽、破伤风、恶性水肿、坏死杆菌病等。

在健康的草食动物粪便中可含有破伤风梭菌和恶性水肿杆菌,其芽孢抵抗力很强,能在土壤中长期生存,如果动物伤口污染了土壤中的芽孢,即可引起感染。炭疽杆菌的芽孢在土壤里生存的时间更长,常由于洪水冲淹,使土壤中的芽孢被水冲起依附在牧草上,家畜啃食这样的牧草即可被感染。

(4)经活的媒介物传播　非本种动物和人类也可能作为传播媒介传播动物传染病。

①媒介昆虫:虻类、蚊、蠓、蜱、蝇等能机械性地和生物性地传播病原体。虻类能传播炭疽;蚊、蜱能传播脑膜炎;库蠓可以传播蓝舌病;蝇活动于动物与排泄物、分泌物、尸体、饲料之间,它可以传播一些消化道传染病。

②野生动物:传播可以分为两种:一种为本身对病原体有易感

性，在受感染后再传给其他动物，起到传染源的作用，如鼠类传播钩端螺旋体病、布鲁氏菌病等。另一种为本身对病原体无易感性，但可以机械地传播疫病，如鼠类可能传播口蹄疫、出血热等。

③人类：饲养人员、畜牧兽医人员和直接与动物接触的有关人员，在工作中不遵守防疫卫生制度，消毒不严，可机械地传播病原体。有些人兽共患的传染病如口蹄疫、布鲁氏菌病、结核病等，人也可能成为传染源。因此，结核病患者不要饲养或管理健康家畜。

(5)经用具传播　传染源排出的病原体，可通过污染饲养用具、牛舍、刷拭用具、诊疗器械等而传播，如被附红细胞体病牛血液污染的针头，被衣原体病牛污染的针头、体温计、胃导管等未经消毒就给其他牛使用时，可成为病原体的传递物品。

传染病流行时其传播途径往往十分复杂，一种病可以有多种传播途径，如炭疽可经接触、饲料、饮水、空气、土壤或媒介节肢动物等途径传播。传播途径虽然多种多样，但就目前所知，病原体在更迭其宿主时只有以下 3 种方式。

水平传播：是指病原体在更迭其宿主时，第一、第二代宿主间无特殊固定的关系，两者仅靠传播途径而联系。可经消化道、呼吸道和皮肤黏膜的损伤等传播。这是一种最常见、最普遍的传播方式。

垂直传播：是指母体所患的疫病或携带的病原体，经卵巢、胎盘或经哺乳直接传播给子代，如牛病毒性腹泻-黏膜病病毒、蓝舌病病毒等；可经初乳感染的有哺乳动物白血病病毒等。

二型传播：是指水平传播与垂直传播交替出现的一种传播方式。

(三)动物的易感性

动物的易感性是一群动物对某种传染病容易感受的程度。动物的易感性，取决于动物群中每个动物的免疫程度。该地区动物中对某种病原体易感个体所占的百分率和易感性的高低，直接影响这种传染病是否能造成流行及其严重程度。动物易感性的高低虽然与病原体的种类和毒力强弱有关，但主要还是由动物体的遗传特性、特异免疫状态等因素决定的。外界环境条件如气候、饲料、饲养管理、卫生条件等因素对动物的易感性也有一定影响。

1. 动物的内在因素 不同种类的动物对于同一种病原体的易感性有很大差异，这是由遗传特性决定的，如马属动物不感染牛瘟，而牛、羊等反刍动物不感染马传染性贫血等。

某一种病原体可能使多种动物感染而引起不同的表现，如蓝舌病最初在南非作为一种新病被发现，是在当地引进美利奴绵羊以后，但后来发现当地的野生偶蹄兽早已发生感染，只是没有表现出临床症状。

不同品系的动物对于同一种病原体的易感性有一定差别。

2. 动物的外在因素 多种外界因素如季节、气候、饲养管理情况以及兽医卫生防疫措施等对动物的易感性都会产生一定影响。例如，某些传染病多发生在寒冷的冬季，而另一些传染病多发生在炎热的夏季。气候骤变后可使某些传染病如犊牛肺炎、牛冬痢等流行加重。饲养管理不当，饲料质量差、数量不足，动物拥挤，栏舍潮湿、通风不良等可促进某些传染病的发生和流行。而加强饲养管理，搞好动物卫生防疫工作，可降低动物对传染病的易感性。

3. 动物的特异免疫状态 动物的特异免疫状态是影响动物易感性的重要因素。在某些疫病流行时，动物中易感性最高的个体易于死亡，其余的动物耐过，或经过无症状传染可获得特异性免疫力。因此，在发生流行之后该地区或该动物群的易感性会降低，疫病停止流行。病愈后或预防接种后产生免疫力的动物所生的后代，在生后一定时间内具有一定的免疫力。

一定年龄的动物对某些传染病的易感性较高，也往往和动物的特异性免疫状态有关。例如，犊牛对大肠杆菌、沙门氏杆菌的易感性较高，而成年牛对这两种病原菌的敏感性较低；育成牛、青年牛对一般传染病的易感性较老年牛要高。

(四)传染病流行过程的表现形式

在动物传染病的流行过程中,根据在一定时间内发病率的高低和传播范围的大小(即流行程度),可区分为下列4种表现形式。

1. 散发　是指动物发病数量不多,在一个较长的时间里只有零星散在发生。动物传染病表现散发形式的原因主要包括以下几点。

第一,某些病的传播需要一定的条件,如破伤风要经深部伤口感染才易发病,牛恶性水肿和牛放线菌病都要经创伤感染,因而在一般情况下仅是零星散发。

第二,某些病的隐性感染比例较大,如牛钩端螺旋体病,仅有一部分牛偶尔出现临床症状,从而表现为散发性。

第三,动物群体对某些传染性较强的疫病免疫水平较高,只有少量动物可感染发病,也会表现散发形式。

2. 地方性流行　是指动物发病数量较多,但传播的范围不广,常局限于一定的地区,称为地方性流行,或者说病的发生有一定的地区性。例如,炭疽、气肿疽经常出现于有尸体掩埋的地区和污染场所,成了常在疫源地,如果防疫措施落实不好,每年可出现一定数量的病例,其传播范围虽然不大,但比散发的数量多。

3. 流行　是指在一定时间内,某种动物出现比平常为数较多的病例,它没有一个病例绝对数的界限,而仅仅是疫病发生频率较高的一个相对名词。因此,任何一种病当其称为流行时,各地各动物所见的病例是很不一致的。

流行性疫病的传播范围广,发病率高,可在短时间内传播到几个乡、县甚至省。这些疫病往往是病原体毒力较强,能以多种方式传播,动物易感性较高,如牛口蹄疫、牛流行热等疫病可能表现为流行。

暴发是指传染病在一个局部地区或一定动物范围内，在短时间突然发生很多病例。

4. 大流行　是指动物发病数量很大，传播的地区很广，可传播到一个国家或几个国家，如口蹄疫、牛瘟等。

必须指出，上述几种流行形式的区分是相对的、有条件的，不是固定不变的。例如，常呈地方性流行或流行性发生的疫病，如果某一环节受到限制时，可以出现散发形式。

（五）传染病的时间分布

1. 季节性　某些动物传染病在每年一定季节内发病率升高，称为季节性。出现季节性的原因主要有下列3方面。

第一，季节对活的传播媒介具有最明显的影响。夏秋季节天气炎热，蝇、蚊、虻等昆虫大量孳生，活动频繁，凡能由它们传播的疫病如牛泰勒虫病、附红细胞体病、流行性脑炎等发生较多。

第二，季节对病原体在外界环境中存在和散播有一定影响。夏季气温高，光照时间长，某些病原体容易失去活力，如口蹄疫的流行一般在夏季减缓或平息。在多雨季节，洪水泛滥，土壤中的炭疽杆菌芽孢、气肿疽梭菌芽孢则可能随洪水散播而导致病例增加。

第三，季节可以影响动物的活动和抵抗力。冬季舍饲期间，动物聚集拥挤，接触机会增多，如舍内温度降低、湿度增高、通风不良，常易促使经空气传播的呼吸道传染病暴发流行。季节变化，主要是气温和饲料的变化，对动物的抵抗力有一定的影响，这种影响对于由条件性病原体引起的传染病尤为明显，如在寒冬或初春，容易发生某些呼吸道传染病等。

2. 周期性　某些动物传染病的发病率呈周期性的上升或下降，即经过一定的间隔期间（常常以数年计），可以看到同一传染病再度发生，这种现象叫做动物传染病的周期性。处于两个发病高潮中间的一段时期，叫做流行间歇期。

在传染病流行期间，易感动物除发病死亡或淘汰以外，其余的由于患病康复或隐性感染而获得免疫力，使疫病停止流行。但经过一定时间后，由于免疫力逐渐消失，或新一代出生，或引进外来的易感动物等原因使动物易感性再度升高，可能会引起传染病重新暴发流行，如牛的流行热、口蹄疫等。

三、奶牛防疫的基本措施

预防为主是动物防疫工作的基本方针。动物传染病具有传染扩散的特点，一旦蔓延开来很难扑灭，有的会给人类健康和国民经济带来灾难性的后果，需要相当长的时间和耗费巨大的人力、物力、财力才能加以消除。因此，对于动物疫病，首先是要防止其发生与流行。预防工作做好了，可收到事半功倍之效果。反之，等动物疫病暴发流行后再去扑灭、控制，将付出惨重代价、事倍功半。在奶牛防疫方面也有规律可循，只要从控制传染源、切断传播途径、增强奶牛免疫力 3 个方面进行综合防治，就能取得很好的防疫效果。奶牛防疫员应该坚决贯彻预防为主的方针，采取各种科学的防疫措施，积极预防、控制疫病。

控制、扑灭动物疫病，要因时、因地制宜，根据每种传染病在不同时间、地区的具体流行特点采取相应措施。对已经消灭的疫病，绝不可麻痹大意，要积极采取各种措施，防止疫病再度出现。同时，要防止新疫病从外面传入。

(一)奶牛防疫工作的基本原则和内容

动物传染病是在病原微生物侵入机体以后，机体抵抗力减弱而发生的。传染病的流行有 3 个环节，即传染源、传播途径易感动物。由于传染病的种类、发病时间、地点和条件的不同，这 3 个环节在流行过程中的作用一般也不是均等的，常受自然条件和社会条件的影响。例如，在夏秋季节，蚊、虻等吸血昆虫多，牛泰勒虫病、白血病等发生也较多；在寒冷季节，呼吸道传染病就增多。因此，预防和控制、扑灭动物传染病，应针对上述流行的3个环节（尤其要抓住主要环节）和2个条件，采取相应的措施。

1. 检疫 动物检疫是预防动物疫病发生，及时发现疫病，防止动物疫病扩散蔓延，以及防止疫病传入、传出的重要措施。对奶牛要勤观察，并按当地疫情定期检查，可采取临床检查与必要的血清学和变态反应检查相结合的方法，及时检出病牛。检出的病牛要立即隔离治疗，并报请动物防疫监督机构处理。

应坚持从非疫区购进奶牛。同时，所购奶牛必须经过免疫接种，且免疫接种证明在有效期内。经过检疫，且有检疫证明。新引进的奶牛放入隔离舍内进行观察，观察期依各种传染病的最长潜伏期为依据，一般为1个月。观察期满，确认健康时，才能放入大群合群饲养。

2. 免疫接种 免疫接种是给动物接种免疫原（菌苗、疫苗、类毒素）或免疫血清（抗细菌、抗病毒、抗毒素），使机体自身产生或被动获得特异性免疫力，是预防和治疗传染病的一种手段。有组织、有计划地进行免疫接种，是预防和控制动物传染病的一种重要措施。根据免疫接种进行的时机不同，可以分为预防接种和紧急接种两类。

（1）预防接种 为了预防某些传染病的发生和流行，平时有计划地给健康动物进行的免疫接种，叫做预防接种。预防接种通常使用疫苗、菌苗、类毒素等。用于预防病毒性传染病的疫苗有活疫苗和灭活疫苗，用于预防细菌性传染病的免疫原有活菌苗、死菌苗、亚单位苗和类毒素等。对奶牛而言，通常采用皮下注射、肌内注射、皮肤刺种、口服等方法。免疫原接种后出现免疫力较慢，一般在接种后1～3周才产生，但维持时间较长，可达半年至数年。

一般而言，活疫（菌）苗接种后免疫力产生快，持续时间长；灭活疫(菌)苗接种后免疫力产生慢、持续时间短。

(2)紧急接种　紧急接种是在发生传染病时,为迅速控制和扑灭疫病流行,而对疫区和受威胁地区尚未发病的动物进行的免疫接种。

在疫区应用疫苗进行紧急接种前,必须对动物逐头逐只地详细观察和检查,只能对没有临床症状的奶牛进行紧急接种,对病牛和处于潜伏期的牛,应立即隔离治疗或扑杀。发病和潜伏期的奶牛,在接种疫苗后不仅不能得到保护,反而促进其发病,造成损失。

在受威胁区进行紧急接种时,其范围大小根据疫病的特点而定,如某些传染病(口蹄疫)受威胁范围在周围 5～10 千米。这种紧急接种,其目的是建立免疫带以包围疫区,就地扑灭疫情。

3. 药物预防　集体化学药物预防和集体治疗是防疫的一个新途径,某些动物疫病在具有一定条件时,采用此种方法可收到显著的效果。

在动物防疫方面随着大群集体诊断技术的应用成功,集体治疗也作为一种防治高度流行性传染病的方法被应用到奶牛疫病防治之中,因为患病动物群的淘汰或屠宰患病动物和阳性动物的方法都是很不经济的。集体治疗应使用安全而价廉的化学药物即所谓保健添加剂,加入饲料和饮水中进行集体化学药物预防,既可以减少经济损失,又可以达到防治疫病的目的,如益生素类添加剂、微量元素添加剂等。

(二)疫苗和免疫血清的使用

1. 疫苗的使用　使用前要逐瓶检查,装药玻璃瓶应无破损,瓶塞要密封,瓶签上药品名称、批号、有效日期、容量、检验号和使用方法的记载必须清楚,药品的色泽和物理性状必须与说明相符。

接种疫苗所用的注射器要大小适宜。注射小剂量时,不要用大注射器,以保证用量的准确。注射器、针头、滴管等在接种注射前后，均要煮沸消毒。不论给多少动物接种，都应每注射1头要更换1个针头。

疫苗使用前，要充分振荡。冻干苗，需按每瓶分装量和瓶签规定的稀释液稀释，充分溶解后使用。

吸取疫苗时，先除去封口上的火漆或石蜡，用乙醇棉球擦拭瓶塞，然后把消毒过的针头插入塞内，用注射器吸取。如1次不能吸完，则不要把插入塞内的针头拔出，以便继续吸取。

在接种注射前，要检查奶牛是否健康和妊娠，以确定能否接种注射。接种注射后，在反应期内要注意观察，如出现剧烈反应，应给予治疗。

接种注射部位随动物种类不同而异。牛多在颈中部1/3处或臀部。接种注射部位要剪毛消毒，注射后涂碘酊消毒。接种注射2次以上时，注射器和针头不得交互使用，并应在左、右两侧分别注射。

接种注射方法，一般常用皮下或肌内注射，个别的做皮内注射。

经口免疫(饮水或喂食)之前，一般要停饮或停喂半天。按规定稀释疫(菌)苗，迅速饮服。为使每头牛都能获得免疫，可分2次饮服，第一天饮半头剂量，第二天再饮半头剂量。

使用活疫苗时，应严防疫苗外溢，凡污染之处，均要消毒。用过的空瓶要深埋或高压蒸汽消毒。接种注射后要有详细登记，如疫苗的种类、接种日期和头数、接种方法、使用剂量，以及接种后的反应等。

2. 免疫血清的使用 免疫血清可用于紧急预防和治疗相应疾病。注射后可获得7～20天的免疫力，其用量可按瓶签说明。

免疫血清开封前应注意其性状，一般为黄色透明液体，浓缩免疫血清略带灰暗色。如免疫血清变浑浊、含有絮片或有不良气味，应废弃。

静脉注射免疫血清时不要振荡，最好使用上层澄清液体，将其加温至35℃左右，再行注射。大量免疫血清做皮下注射，应分数处注射，并进行按摩，以促进吸收。第一次注射后可根据病情需要，隔12～24小时重复注射1次。

用异种动物免疫血清治疗时，应注意防止变态反应。可先皮下注射少量，经20分钟无异常时，再注入全部剂量。如注射免疫血清引起变态反应，必须立即停止注射，并迅速皮下注射0.1%肾上腺素注射液5～10毫升。

使用免疫血清进行治疗，必须早期应用。

思考题

1. 引起奶牛传染病的病原体有哪些？
2. 传染病流行的3个环节是什么？
3. 传染病有哪些传播途径？
4. 传染病流行过程的表现形式是什么？
5. 奶牛防疫工作的基本内容是什么？
6. 疫苗和免疫血清在奶牛疫病防治上有何区别？

第四章　消毒技术

做好环境、运输车辆、器具消毒等工作，是奶牛防疫员的工作内容之一，消毒的目的是为了杀灭病原微生物、防止疫病发生或传播。防疫员应掌握基本的消毒技术，对相关的消毒药品、消毒方法有一定程度的理解掌握。

一、消毒防腐药

一般来说，消毒药是指能迅速杀灭病原微生物的药物，防腐药是指能抑制微生物繁殖的药物，但这两类药物之间并没有严格的界限。消毒药在低浓度时也有抑菌作用，而防腐药在高浓度时也能杀菌。因此，一般总称为消毒防腐药。

（一）作用机制

消毒防腐药的种类很多，它们的杀菌或抑菌机制各有不同。有的能使病原体的蛋白质变性，发生沉淀；有的能和病原体的酶系统结合，影响菌体代谢；有的具有氧化作用，可氧化细菌体内的活性部分而产生杀菌作用；有的则能降低细菌表面张力，增加菌体细胞膜的通透性，使细胞分裂或溶解。总之，都可以抑制微生物的生长繁殖，甚至导致病原体死亡。

（二）影响消毒效果的因素

消毒防腐药对病原微生物的抑杀作用不仅决定于其理化性质，而且还受许多因素的影响。为了正确和充分发挥消毒作用，必须全面了解各种能增强或减弱其作用的因素。

1. 病原微生物的类型　不同的菌种和处于不同状态的微生物，在形态结构和生理、生化方面各有特点，故对同一种消毒防腐药的敏感性不同。如革兰氏阳性菌对消毒防腐药的敏感性一般要高于革兰氏阴性菌；病毒对碱类药物很敏感，对酚类的抵抗力较大；适当浓度的酚类化合物几乎对所有不产生芽孢的繁殖型细菌均有杀灭作用，但对处于休眠期的芽孢作用不强。

2. 药液的浓度和作用时间　当其他条件一致时，药物的效力一般随其浓度的增加而增强，或者说，呈现相同效力所需的时间一般随药液浓度的增加而缩短。为取得良好的消毒效果，应选择有效时间长的药物，并应选取其合适的浓度和按照药物的理化特性，达到规定的消毒时间。

3. 环境温度　消毒防腐药的消毒效果与环境温度呈正相关，即温度越高，杀菌力越强。一般规律是温度每增加 10℃，消毒效果增强 1～2 倍。消毒防腐药抗菌效力的检定，通常都在15℃～20℃条件下进行。对热稳定的药物，常用其热溶液消毒。

4. pH 值　环境或病变部位的 pH 值对有些消毒防腐药的作用影响较大。如戊二醛在酸性环境中较稳定，但杀菌能力较弱，当加入 0.3%的碳酸氢钠，使其溶液 pH 值为 7.5～8.5 时杀菌力显著增强，不仅能杀死多种繁殖型细菌，还能杀死芽孢；含氯消毒剂作用的最佳 pH 值为 5～6；以分子形式起作用的酚、苯甲酸等，当环境 pH 值升高时，其分子的离解程度相应增加，杀菌效力随之减弱或消失；环境 pH 值升高可使菌体表面负电基团相应增多，从而导致其与带正电荷的消毒防腐药分子结合数量增多，这是季铵盐类、洗必泰、染料类等药物作用增强的原因。

5. 有机物的存在　消毒环境中粪便、尿液或创面上的脓液、血液、体液等有机物的存在，必然会影响杀菌效力，它们与消毒防腐药结合形成不溶性化合物，或将其吸附、发生化学反应或对微生物起机械性保护作用。有机物越多，对消毒防腐药的消毒效果影响越大。因此，在消毒前务必清扫消毒场所或清理创面。

6. 水质硬度 硬水中的钙离子和镁离子能与季铵盐类、洗必泰或碘等结合形成不溶性盐类，从而降低其抗菌效力。

7. 配伍禁忌 实践中常见到两种消毒防腐药合用，或者消毒防腐药与清洁剂或除臭剂合用时，消毒效果降低，这是由于物理性或化学性配伍禁忌造成的。例如，阴离子表面活性剂与阳离子表面活性剂合用时，发生中和反应，使消毒效果减弱、甚至完全消失。又如，高锰酸钾、过氧乙酸等氧化剂与碘酊等还原剂之间可发生氧化还原反应，不但减弱了消毒作用，而且会加重对皮肤的刺激和毒性。

8. 其他因素 消毒物表面的形状、结构和化学活性，药液的表面张力，消毒防腐药的剂型以及在溶液中的解离度等，都会影响到消毒防腐药的作用。

（三）分　类

根据化学性质可分为酚类、醇类、醛类、碱类、酸类、氧化剂、卤素类和表面活性剂等。

1. 酚类 如苯酚、甲酚等。

2. 醇类 如乙醇等。

3. 醛类 如甲醛、戊二醛等。

4. 碱类 如氢氧化钠（苛性钠）、氧化钙（生石灰）等。

5. 酸类 如硼酸、水杨酸等。

6. 氧化剂 如过氧化氢、高锰酸钾、过氧乙酸等。

7. 卤素类 如碘、碘仿、漂白粉、二氯异氰尿酸钠（优氯净）等。

8. 表面活性剂 如苯扎溴铵、氯己定、百毒杀等。

9. 其他 如环氧乙烷等。

(四)常用的环境消毒药

1. 苯酚 又称石炭酸。为酚类消毒药,呈无色或微红色针状结晶或块状结晶,有特臭,有吸湿性,水溶液显弱酸性反应,遇光或在空气中色渐变深。本品在水中溶解,在乙醇、氯仿、乙醚、甘油、脂肪油或挥发油中易溶,在液状石蜡中略溶。

(1)作用与用途 苯酚为原浆毒,能使蛋白质变性,因而具有杀菌作用。0.1%～1%溶液有抑菌作用;1%～2%溶液有杀菌和杀真菌作用;5%溶液可在48小时内杀死炭疽芽孢。苯酚的杀菌效果与温度呈正相关,碱性环境、脂类、皂类等能减弱其杀菌作用。苯酚是外科最早使用的一种消毒药,曾用作鉴定其他消毒药杀菌效力的标准品。但由于对动物和人有较强的毒性,不能用于创面和皮肤的消毒,仅用于环境和用具消毒。

(2)注意事项 当苯酚浓度高于0.5%时,具有局部麻醉作用;5%溶液对组织产生强烈的刺激和腐蚀作用。动物意外吞服或皮肤、黏膜大面积接触苯酚会引起全身性中毒,表现为中枢神经兴奋后抑制以及心血管系统受抑制,严重者可因呼吸麻痹致死。另外,苯酚被认为是一种致癌物。

对吞服苯酚的动物可用植物油(忌用液状石蜡)洗胃;内服硫酸镁导泻;对症治疗,给予中枢兴奋剂和强心剂等。皮肤、黏膜接触部位可用50%乙醇、水、甘油或植物油清洗。眼可先用温水冲洗,再用3%硼酸溶液冲洗。

(3)用法与用量 器具、牛舍、排泄物和污物等消毒配成2%～5%溶液。

(4)制剂 复合酚,俗称“菌毒敌”,为我国生产的一种兽医专用消毒剂,为取代酚的复合制剂,此制剂为苯酚(41%～49%)、醋酸(22%～26%)加十二烷基苯磺酸等配制而成的水溶性混合物。为深红褐色黏稠液,有特臭。可杀灭多种细菌、真菌和病毒,也可杀灭动物寄生虫的虫卵。0.35%～1%复合酚溶液主要用于牛舍、器具、排泄物和车辆等的消毒，药效可保持7天。

用于预防性喷雾消毒时，用水稀释300倍；疫病发生时的喷雾消毒稀释100～200倍。稀释用水的温度不宜低于8℃，禁与碱性药物或其他消毒药混用。

2. 甲酚 本品又称煤酚、甲苯酚，为邻位、间位和对位3种甲酚异构体混合物。在这3种异构体中，以间位的煤酚抗菌作用最强，邻位次之，对位最弱。为几乎无色、淡紫红色或淡棕黄色的澄清液体，有类似苯酚的臭气味，久贮或在日光下色渐变深。在水中略溶，生成浑浊溶液，其饱和水溶液显中性或弱酸性反应。本品与乙醇、氯仿、乙醚、甘油、脂肪油或挥发油能任意混合，在氢氧化钠溶液中溶解。

(1)作用与用途 甲酚为原浆毒，抗菌作用比苯酚强3～10倍，毒性大致相等，但消毒用药液浓度较低，故较苯酚安全。可杀灭一般繁殖型病原菌，对芽孢无效，对病毒作用不可靠，是酚类中最常用的消毒药。由于甲酚的水溶度较低，通常都用肥皂乳化配制成50%甲酚皂溶液。

(2)注意事项 甲酚有特臭气味，不宜在奶牛舍、牛奶加工车间和食品加工厂等应用，以免影响乳品质量；本品对皮肤有刺激性，若用其1%～2%溶液消毒水和皮肤，要精确计量。

(3)用法与用量 常用3%～5%溶液用于牛舍、场地、排泄物、器具和器械等的消毒。

(4)制 剂

①甲酚皂溶液：俗称“来苏儿”。每1 000毫升中含甲酚500毫升，植物油173克，氢氧化钠27克和水适量。本品为黄棕色至红棕色的黏稠液体，带甲酚的臭气，能与乙醇混合成澄清液体。排泄物和废弃的染菌材料消毒配成10%溶液，牛舍、场地、器械、器具和其他物品消毒配成3%～5%溶液。

②甲酚磺酸：为甲酚经磺酸化而得，既降低了甲酚的毒性，又提高了其水溶性和杀菌力。环境消毒配成0.1%溶液，作用相当于3%甲酚皂溶液。

3. 戊二醛　为无色油状液体，属于醛类消毒防腐剂，味苦，有微弱的甲醛臭，但挥发性较低。可与水或醇做任何比例的混溶，溶液呈弱酸性，pH值高于9时，可迅速聚合。

(1)作用与用途　戊二醛原为病理标本固定剂，近年来发现其碱性水溶液具有较好的杀菌作用。当pH值为7.5～8.5时，作用最强，可杀灭繁殖型的细菌和芽孢、真菌、病毒，其作用较甲醛强2～10倍。本品的消毒作用不受有机物的影响，刺激性较弱。缺点是稳定性差，在碱性溶液中易分解。

本品主要用于牛舍和器具消毒。由于价格昂贵，目前多用于不宜加热处理的医疗器械、塑料和橡胶制品等的浸泡消毒。

(2)注意事项　避免与皮肤、黏膜接触，如果一旦接触应及时用水冲洗干净。

(3)用法与用量　喷洒、浸泡消毒配成2%碱性溶液(加0.3%碳酸氢钠)消毒15～20分钟。密闭空间内表面熏蒸消毒配成10%溶液，每平方米用1.06毫升，密闭过夜。

4. 氢氧化钠　又名苛性钠。本品属于碱类消毒剂，含96%的氢氧化钠与少量的氯化钠和碳酸钠。为白色不透明固体，吸湿性强，露置空气中会逐渐溶解而成溶液状态，易从空气中吸收二氧化碳，渐变成碳酸钠，因此应密闭保存。本品在水中极易溶解。

(1)作用与用途　氢氧化钠属原浆毒，杀菌力强，能杀死繁殖型细菌、芽孢和病毒，还能皂化脂肪和清洁皮肤。2%～4%溶液可杀死病毒和繁殖型细菌；高浓度溶液亦可杀死芽孢，如4%溶液作用45分钟可杀死芽孢，30%溶液10分钟可杀死芽孢，加入10%食盐能增强杀死芽孢的能力，这可能是由于增加的钠离子抑制氢氧化钠的离解，增加氢氧化钠分子透过芽孢外膜的能力，从而发挥了更强的杀芽孢作用。结核杆菌对氢氧化钠有较强的抵抗力。

2%氢氧化钠溶液可用于口蹄疫、流行热、病毒性腹泻-黏膜病、蓝舌病等病毒病的环境消毒,也可用于细菌性传染病的消毒;5%溶液用于炭疽消毒。一般用含氢氧化钠约94%的工业用碱配制溶液,主要适合于场区通道、环境、地面、饲槽和运输工具的消毒。

(2)注意事项　对组织有腐蚀性,能损坏织物和铝制品;消毒人员应注意防护;用本品对饲槽和饲喂用具消毒后要用自来水冲洗。

(3)用法与用量　牛舍地面、饲槽、车船、木器等的消毒配成2%溶液应用;运动场和通道消毒常用5%浓度。

5. 氧化钙　又称生石灰。属于碱性消毒剂,为白色的块状或粉状。加水生成氢氧化钙,又称熟石灰或消石灰。具强碱性,几乎不溶于水,吸湿性很强。氧化钙易从空气中吸收二氧化碳形成碳酸钙而失效。

(1)作用与用途　仅为消毒药。对繁殖型细菌有良好的消毒作用,对芽孢和结核杆菌无效。可制成乳液涂刷牛舍墙壁、围栏、地面等,也可直接将氧化钙撒于阴湿地面、粪池周围和污水沟等处。冬天时,牛场门口的消毒池中可放置本品用于车辆和鞋底消毒。

(2)用法与用量　将氧化钙加入10～20倍水制成石灰乳,对牛舍、墙壁、围栏、地面进行消毒。石灰乳应现用现配。氧化钙1千克加水350毫升,生成消石灰的粉末,可撒布在阴湿地面、粪池周围以及污水沟等处进行消毒。直接将生石灰粉撒布在干燥地面上不发生消毒作用,反而会使奶牛蹄部干燥开裂。

6. 漂白粉　又称含氯石灰。属于卤素类消毒剂,为次氯酸钙、氯化钙和氢氧化钙的混合物。呈灰白色细颗粒状,有氯臭。在空气中可吸收水分与二氧化碳而缓慢分解,丧失有效氯。

(1)作用与用途　漂白粉遇水产生次氯酸,次氯酸可放出活性氯和初生氧,从而呈现杀菌作用。漂白粉对细菌、芽孢和病毒都有杀灭作用。在酸性环境中可加速氯的释放,消毒作用增强;在碱性环境中消毒作用显著减小。漂白粉的消毒作用强但不持久，1%澄清液作用0.5～1分钟即可抑制炭疽杆菌、沙门氏菌、巴氏杆菌等多数繁殖型细菌的生长，1～5分钟抑制葡萄球菌和链球菌。对结核杆菌效果较差。30%漂白粉混悬液作用7分钟后，炭疽芽孢即停止生长。实际消毒时，漂白粉与被消毒物的接触至少需15～20分钟。漂白粉的消毒作用受有机物的影响，其所含的氯可与氨和硫化氢发生反应，故有除臭作用。

漂白粉为价廉有效的消毒药，广泛用于牛舍、围栏、场地、车辆、排泄物等的消毒。1%～5%澄清液，尚可用于消毒玻璃器皿和非金属用具。由漂白粉加水生成的次氯酸，其杀菌作用产生得快，氯又能迅速散失而不留臭味。

(2)注意事项　漂白粉对皮肤和黏膜有刺激作用，消毒人员应注意防护；对金属有腐蚀作用，不能用于金属制品；可使有色棉织物褪色，不可用于有色衣物的消毒；用时现配，久贮易失效，保存于阴凉干燥处，不可与易燃、易爆物放在一起。

(3)用法与用量　牛舍等消毒临用前配成5%～20%混悬液或1%～5%澄清液。玻璃器皿和非金属用具消毒临用前配成1%～5%澄清液。饮水消毒每50升水加1克。

7. 二氯异氰尿酸钠　又称优氯净。本品为卤素类消毒剂，为白色结晶粉末，有浓氯臭。在高热、潮湿地区贮存时，有效氯含量下降约1%。易溶于水，溶液呈弱酸性。水溶液稳定性较差，在20℃左右下，1周内有效氯丧失约20%；在紫外线作用下更加速其有效氯的丧失。

(1)作用与用途　杀菌谱广，对繁殖型细菌和芽孢、病毒、真菌孢子均有较强的杀灭作用。由于本品的水解常数较高，故其杀菌力较大多数氯胺类消毒药为强。溶液的pH值越低，杀菌作用越强。加热可加强杀菌效力，有机物对杀菌作用影响较小。有腐蚀和漂白作用，毒性与一般含氯消毒药相同。

主要用于牛舍、排泄物和水等的消毒。0.5%～1%溶液用于杀灭细菌和病毒，5%～10%溶液用于杀灭芽孢，临用前现配。可采用喷洒、浸泡和擦拭方法消毒，也可用其干粉直接处理排泄物或其他污染物品。注意事项同含氯石灰。

(2)用法与用量　牛舍消毒每平方米常温条件下使用 10～20 毫克，气温低于 0℃时使用 50 毫克。饮水消毒每升水用 4 毫克，作用 30 分钟。

8. 过氧乙酸　又称过醋酸。本品属于氧化剂类消毒剂，由过氧化氢作用于乙酸而制得，故本品为过氧乙酸和乙酸的混合物。

纯品为无色透明液体，呈弱酸性，有刺激性酸味，易挥发，易溶于水和有机溶剂，不稳定，遇热或有机物、重金属离子、强碱等易分解。高于 45%的高浓度溶液经剧烈碰撞或加热可爆炸(强烈分解)，而低于 20%的低浓度溶液无此危险。在 3℃～4℃下密闭、避光保存。

(1)作用与用途　过氧乙酸兼具酸和氧化剂特性，是一种高效灭菌剂，其气体和溶液均具较强的杀菌作用，并较一般的酸或氧化剂作用强。作用产生快，能杀死细菌、真菌、病毒和芽孢，在低温下仍有杀菌和抗芽孢能力。用过氧乙酸消毒的表面，药物残留极微，因它能在室温下挥发和分解。

临用前配制 0.5%溶液喷雾消毒牛舍、墙壁、饲槽、用具和车船等，喷雾后关闭门窗 1～2 小时。对芽孢污染的表面每平方米可喷雾 2%溶液 8 毫升。实验室、牛舍等空间消毒，可用 3%～5%溶液加热熏蒸。可用 0.004%～0.2%溶液浸泡消毒耐腐蚀的玻璃、搪瓷制品；0.2%溶液可用于皮肤消毒(浸洗、涂搽)，0.02%溶液可用于黏膜消毒(冲洗、点眼)。

(2)注意事项　金属离子和还原性物质可加速药物的分解，因此需用洁净水配制新鲜药液；本品腐蚀性强，有漂白作用，稀溶液对呼吸道和眼结膜有刺激性，浓度较高的溶液对皮肤有强烈刺激性，若高浓度药液不慎溅入眼内或皮肤、衣物上，应立即用水冲洗；皮肤或黏膜消毒用药液的浓度不能超过0.2%或0.02%；有机物可降低其杀菌效力。

(3)用法与用量 牛舍和车船等喷雾消毒配成0.5%溶液。空间加热熏蒸消毒配成3%～5%溶液。器具浸泡消毒配成0.04%～0.25%溶液。黏膜或皮肤消毒配成0.02%或0.2%溶液。

(五)常用的皮肤、黏膜防腐药

皮肤、黏膜防腐药的种类较多，主要是利用药物与创面或皮肤、黏膜直接接触而起抑菌作用，故必须应用其水溶液或水混悬液。应用皮肤、黏膜防腐药须注意药物的刺激性和有效浓度，应尽量在不影响其作用的药物浓度下使刺激性降低到最低限度，不损伤组织，不妨碍肉芽生长。这一点对敏感柔嫩的黏膜和肉芽组织特别重要。另需注意的是，多数用于皮肤、黏膜的防腐药都是全身性毒物，不宜大量和大面积使用，以免吸收引起中毒。

1. 乙醇 又名酒精。属于醇类消毒防腐药。无水乙醇含量为99%以上，医用乙醇浓度应不低于95%(处方上凡未指明浓度的乙醇，均指95%乙醇)。

本品为无色透明液体，易挥发，易燃烧，加热至约78℃即沸腾。本品与水、甘油、氯仿或乙醚能任意混合。

(1)作用 乙醇能使菌体蛋白迅速凝固、脱水而产生杀菌作用，其中以70%或75%的乙醇杀菌力最强。当浓度低于20%时，杀菌作用微弱；而高于95%时，作用不可靠。70%乙醇相当于3%苯酚的作用，可杀死一般繁殖型的病原菌，对芽孢无效。浓度若超过75%时，则消毒作用反而减弱，这是由于菌体表层蛋白质被凝固阻碍了乙醇向细菌深部蛋白质渗透的缘故。

乙醇对组织有刺激作用，浓度越大刺激性越强。若将乙醇涂搽于皮肤时，首先有凉感，继而有灼热感，并呈现温和的刺激性，能引起局部充血。以70%～90%乙醇涂搽或热敷时，可促进炎性渗出物的吸收，减轻疼痛。

将30%以下浓度的乙醇注入皮下时，变化不显著；若皮下注入40%乙醇时，则呈现强烈的刺激甚至发生炎症，能持续数天。皮下注入50%～60%乙醇时，能引起局部组织坏死，故乙醇一般不作皮下注射。

(2)应用　常用70%乙醇消毒皮肤(如注射部位、术部和伤口周围的皮肤消毒)以及器械(刀、剪、体温计等)的浸泡消毒，亦可用作溶媒。乙醇对黏膜的刺激性大，不能用于黏膜和创面抗感染。急性关节炎、腱鞘炎、肌炎等可用浓乙醇涂搽或热敷。

2. 苯扎溴铵　又名溴苄烷胺或新洁尔灭，属季铵盐类消毒防腐药。常温下为黄色胶状体，低温时可逐渐形成蜡状固体。本品在水中易溶，水溶液呈碱性反应，振摇时产生多量泡沫。在乙醇中易溶，在丙酮中微溶，在乙醚或苯中不溶。

(1)作用与用途　本品为阳离子表面活性剂，有较强的消毒作用。对多数革兰氏阳性菌和阴性菌有杀菌作用，接触数分钟即能杀死。对病毒效果差，不能杀死结核杆菌、真菌和炭疽芽孢。

0.1%溶液用于皮肤和术前手部消毒(浸泡5分钟)、手术器械消毒(煮沸15分钟后再浸泡30分钟)；0.01%溶液用于创面消毒；感染性创面宜用0.01%溶液局部冲洗后湿敷。

(2)注意事项　禁与肥皂及其他阴离子活性剂、盐类消毒药、碘化物和过氧化物等合用，术者用肥皂洗手后，务必用水冲净后再用本品；不宜用于眼科器械和合成橡胶制品的消毒；配制器械消毒液时，需加0.5%亚硝酸钠，其水溶液不得贮存于聚乙烯制作的容器内，以免与增塑剂起反应而使药液失效；消毒时，若水质硬度过高，应加大浓度(0.5～1倍)。

3. 氯己定　本品又称洗必泰，为双氯苯双胍己烷的二醋酸盐。本品为白色结晶性粉末，无臭，味苦。在乙醇中溶解，在水中微溶，在酸性溶液中解离。

(1)作用与用途 为阳离子表面活性剂,对革兰氏阳性和阴性细菌以及真菌均有杀灭作用。抗菌作用强于苯扎溴铵,其作用迅速且持久,毒性低,无局部刺激作用。本品不易被有机物灭活,但易被硬水中的阴离子沉淀而失去活性。与苯扎溴铵联用对大肠杆菌有协同杀菌作用,两药的混合液呈相加消毒效力。醋酸洗必泰水溶液常用于黏膜、皮肤、术部、创面、器械、用具等的消毒。

(2)注意事项 肥皂、碱性物质和其他阴离子表面活性剂均可降低氯己定的杀菌效力。本品禁与甲醛、碘酊、高锰酸钾、硫酸锌、升汞配伍应用。本品水溶液宜贮存于中性玻璃瓶中,每 2 周重配 1 次。本品可引起人的接触性皮炎;用于器械消毒时,需加 0.5%亚硝酸钠。

(3)用法与用量 皮肤消毒用 0.5%溶液或 0.05%醇溶液(以 70%乙醇配制),术者手部消毒用 0.02%溶液,器械消毒用 0.1%溶液。

4. 度米芬 本品又称消毒宁。为溴化季铵盐类药物。呈白色或微黄色片状结晶,无臭或微臭,味苦。在水中易溶,振摇水溶液会产生泡沫。本品在乙醇或氯仿中极易溶解,在丙酮中略溶,在乙醚中几乎不溶。

(1)作用与用途 为阳离子表面活性剂。对革兰氏阳性菌和革兰氏阴性菌均有杀菌作用,但对后者需较高浓度;对芽孢、抗酸杆菌、病毒效果不显著;有抗真菌作用。在中性或弱碱性溶液中效果最好,在酸性溶液中效果明显下降。适用于创面、黏膜、皮肤和器械消毒。

(2)注意事项 禁与肥皂、盐类和其他合成洗涤剂、无机碱配伍,避免使用铝制容器盛放;消毒金属器械需加 0.5%亚硝酸钠防锈;可引起人接触性皮炎。

(3)用法与用量 创面、黏膜消毒配成 0.02%～0.05%溶液,皮肤、器械消毒配成0.05%～0.1%溶液。

5. 碘 为灰黑色或蓝黑色、有金属光泽的片状结晶或块状物，质重、脆，有特臭，在常温中能挥发。在水中几乎不溶，溶于碘化钾或碘化钠水溶液，在乙醇、乙醚或二硫化碳中易溶，在氯仿中溶解，在四氯化碳中略溶。

(1)作用与用途 碘具有强大的杀菌作用，也可杀灭芽孢、真菌、病毒、原虫。碘主要以分子形式发挥杀菌作用，其原理可能是碘化和氧化菌体蛋白质的活性基因，并与蛋白质的氨基结合而导致蛋白质变性和抑制菌体的代谢酶系统。在酸性条件下，游离碘增多，杀菌作用较强；在碱性条件下则相反。

碘酊是常用且最有效的皮肤消毒药。一般皮肤消毒用2%～5%碘酊。由于碘对组织有较强的刺激性，其强度与浓度成正比，故碘酊涂抹皮肤待稍干后，宜用70%乙醇擦去，以免引起发泡、脱皮和皮炎。碘甘油刺激性较小，用于黏膜表面消毒。2%碘溶液不含乙醇，适用于皮肤浅表破损和创面消毒，以防止细菌感染。在紧急条件下用于饮水消毒，每升水中加入2%碘酊5～6滴，15分钟后可供饮用，水无不良气味，且水中各种致病菌、原虫和其他生物可被杀死。

(2)注意事项 对碘过敏(涂搽后曾引起全身性皮疹)的动物禁用；碘酊须涂于干燥的皮肤上，如涂于湿皮肤上不仅杀菌效力降低而且易引起发泡和皮炎；配制碘液时，若碘化物过量(超过等量)加入，可使游离碘变为过碘化物，反而导致碘失去杀菌作用；碘可着色，沾有碘液的天然纤维织物不易洗除；与含汞药物配伍禁忌，各种含汞药物(包括中成药)无论以何种途径用药，如与碘剂(碘化钾、碘酊、含碘食物海带和海藻等)相遇，均可产生碘化汞而呈现毒性作用；配制的碘液应存放在密闭容器内，若存放时间过久，颜色变淡(碘可在室温下升华)，应测定碘含量，并将碘浓度补足后再使用。

(3)制剂与用法

①碘酊:碘 50 克,碘化钾 35 克,蒸馏水适量,乙醇加至 1 000 毫升。为棕红色的澄明液体,有碘与乙醇的特臭,应置于玻璃塞瓶中,遮光密封保存。主要用于手术部位、注射部位、手指的消毒,亦可用于新鲜创面的处理。

②浓碘酊:碘 100 克,碘化钾 75 克,蒸馏水 80 毫升,乙醇加至 1 000 毫升。为暗红褐色液体,有碘与乙醇的特臭,易挥发。应置于玻璃塞瓶中,遮光密封保存。主要用作皮肤刺激药,对慢性腱炎、腱鞘炎、关节炎、骨膜炎等有消炎作用。

③复方碘溶液(鲁格氏液):碘 50 克,碘化钾 100 克,加蒸馏水至 1 000 毫升。为暗褐色液体,有碘臭。应置于玻璃塞瓶中,遮光密封保存。复方碘溶液的刺激性较小,常用于治疗黏膜的各种炎症或注入关节腔、瘘管等。

④碘甘油溶液:碘 50 克,碘化钾 100 克,甘油 200 毫升,加蒸馏水至 1 000 毫升。为深棕色的澄明液体,有碘臭。应置于玻璃塞瓶中,遮光密封保存。碘甘油溶液的刺激性较小,作用时间较长,常用于治疗黏膜的各种炎症如口炎、鼻炎以及阴道黏膜的炎症和溃疡。

6. 聚维酮碘　为 1-乙烯基-2-吡咯烷酮均聚物与碘的复合物,含有效碘为 9%～12%。为黄棕色至红棕色无定形粉末。本品在水或乙醇中溶解,在氯仿或乙醚中不溶。

(1)作用与用途　聚维酮碘是一种高效低毒的杀菌药物,对细菌、病毒和真菌均有良好的杀灭作用。本品的作用机制主要是通过不断释放游离碘,破坏菌体新陈代谢,而使细菌等微生物失活。常用于手术部位、皮肤、黏膜的消毒。

(2)制剂与用法

①聚维酮碘溶液:为红棕色液体,当溶液变为白色或淡黄色时,即失去杀菌活性。皮肤消毒和治疗皮肤病用 5%溶液,奶牛乳头浸泡消毒用 0.5%～1%溶液,黏膜和创面冲洗消毒用 0.1%溶液(均以

聚维酮碘计）。

②聚维酮碘软膏：为10%的乳剂型基质棕红色软膏，常用于治疗皮肤炎症或溃疡。

7. 硼酸 属于有机酸类消毒防腐药，为无色微带珍珠光泽的结晶或白色疏松的粉末，有滑腻感。无臭，在水中溶解，水溶液显弱酸性反应。本品在乙醇中溶解，在沸水、甘油中易溶。

(1)作用与用途 硼酸只有抑菌作用，没有杀菌作用。对细菌和真菌有微弱的抑制作用，本品通过释放氢离子而发挥抑菌作用。但硼酸的特点是既无刺激性，也不损伤组织，故临床上经常用于比较敏感的部位如黏膜的防腐消毒。

(2)不良反应 外用一般毒性不大，但不适用于大面积创伤和新生肉芽组织，以免吸收后蓄积中毒。急性中毒早期症状为呕吐、腹泻、皮疹、中枢神经系统先兴奋后抑制，严重时可引起循环衰竭或休克。

(3)用法与用量 外用洗眼或冲洗黏膜用2%～4%溶液，也可用硼酸磺胺粉(1∶1)治疗创伤，硼酸甘油(31∶100)治疗口、鼻黏膜炎症，硼酸软膏(5%)治疗溃疡、褥疮等。

8. 过氧化氢 属于氧化剂类防腐消毒药，含过氧化氢为2.5%～3.5%的溶液又称为双氧水。市售品还有浓过氧化氢溶液，浓度为26%～28%。

过氧化氢溶液为无色澄清液体，无臭或有类似臭氧的臭气。遇氧化物或还原物即迅速分解并产生泡沫，遇光、热易变质。应置于棕色玻璃瓶中，在阴凉处保存。

(1)作用与用途 过氧化氢有较强的氧化性，在与组织或血液中的过氧化氢酶接触时，迅速分解，释放出新生态氧，对细菌产生氧化作用，干扰其酶系统的功能而发挥抗菌作用。由于作用时间短，且有机物能大大减弱其作用，因此杀菌力很弱。在接触创面时，由于分解迅速，会产生大量气泡，机械地松动脓块、血块、坏死组织及与组织粘连的敷料，有利于清洁创面。3%的过氧化氢溶液常用于清洗化脓性创伤，去除痂皮，尤其对厌氧性感染更有效。过氧化氢具有除臭和止血作用，可用其5%溶液（用浓过氧化氢溶液稀释而成）涂于出血的细小创面上止血。

（2）注意事项　避免用手直接接触高浓度过氧化氢溶液，以免发生刺激性灼伤；与有机物、碱、生物碱、碘化物、高锰酸钾或其他较强的氧化剂配伍禁忌；不能注入胸腔、腹腔等密闭体腔或气体不易逸散的深部脓疮，以免导致栓塞或扩大感染。

（3）用法与用量　清洗带恶臭的创伤用1%～3%溶液，冲洗口腔用0.3%～1%溶液。

9. 高锰酸钾　属于氧化剂类防腐消毒药，呈黑紫色、细长的菱形结晶或颗粒，带蓝色的金属光泽，无臭，与某些有机物或易氧化的化合物研磨或混合时，易引起爆炸或燃烧。在水中溶解，在沸水中易溶，水溶液呈深紫色。

（1）作用与用途　为强氧化剂，遇有机物或加热、加酸或碱等均释放出新生氧（非游离态氧，不产生气泡），呈现杀菌、除臭、解毒作用。在发生氧化反应时，其本身还原为棕色的二氧化锰。后者可与蛋白质结合成蛋白盐类复合物，因此高锰酸钾在低浓度时有收敛、止泻、止血等作用，高浓度时有刺激和腐蚀作用。高锰酸钾的抗菌作用较过氧化氢强，但它极易被有机物分解而作用减弱。在酸性环境中杀菌作用增强，如2%～5%溶液能在24小时内杀死芽孢；在1%溶液中加1.1%的盐酸，则能在30秒内杀死炭疽芽孢。

0.1%～0.2%溶液能杀死多数繁殖型细菌，常用于创面冲洗。为减少对肉芽组织的刺激性，可用其0.03%溶液。0.05%～0.1%溶液可用于冲洗膀胱、阴道和子宫等腔道黏膜。在生物碱、氰化物等毒物中毒时，可用0.1%～0.2%溶液洗胃以氧化毒物而解毒。能直接氧化蛇毒，可用1%溶液冲洗毒蛇咬伤的伤口。

（2）注意事项　严格掌握不同适应证采用不同浓度的溶液。本品水溶液易失效，药液需新鲜配制，避光保存，久置变棕色而失效；由于高浓度的高锰酸钾溶液对组织有刺激和腐蚀作用，因此不要反复用高锰酸钾溶液洗胃；误服本品可引起一系列消化系统刺激症状，严重时出现呼吸和吞咽困难、蛋白尿等；动物应用本品中毒后，应用温水或添加3%过氧化氢溶液洗胃，并内服牛奶、豆浆或氢氧化铝凝胶，以延缓吸收。

(3)用法与用量　腔道冲洗和洗胃配成0.05%～0.1%溶液，创面消毒配成0.1%～0.2%溶液。

10. 龙胆紫　属于染料类消毒防腐剂，为绿紫色有金属光泽的碎片或深绿紫色粉末，能溶于水或乙醇中。

龙胆紫对革兰氏阳性菌有选择性抑菌作用，亦有抗真菌作用，毒性很小，对组织无刺激性，有收敛作用。其1%～3%溶液和乙醇溶液，还有2%～10%软膏，可用于皮肤、黏膜创伤感染和溃疡，1%溶液亦可用于烧伤。

11. 利凡诺　又名雷佛奴尔。为黄色结晶粉末，无臭，在水中溶解，在热水中易溶，在乙醇中微溶。应避光保存。

本品对革兰氏阳性菌和少数革兰氏阴性菌有强大的抑菌作用，但作用呈现较慢。对组织无刺激性，毒性低，穿透力也较强。常用其0.1%～0.2%溶液冲洗或湿敷创伤面，小面积化脓创可用1%利凡诺软膏。

(六)消毒方法

常用的消毒方法有物理消毒法、生物消毒法和化学消毒法3种。物理消毒法如自然净化、机械除菌和紫外线辐射等，是用物理因素杀灭或消除病原微生物；生物学消毒法如生物热消毒技术和生物氧化消毒技术等，是利用某些生物消灭致病微生物，多用于大规模废物和粪便的卫生处理；而化学消毒法是用化学药品进行消毒的方法，在奶牛场中最为常用。化学消毒法主要分为以下3类。

一是预防性消毒。是在无传染病时，结合平时的饲养管理，对可能受到病原体污染的场所和物品进行定期消毒，以达到预防传染病的目的，如对牛舍的定期消毒。

二是临时消毒。指发生传染病时，为及时杀灭或清除传染源排出的病原微生物，对疫源地进行的消毒。消毒对象包括病牛停留场所、牛舍以及病牛的排泄物、剩余饲料、管理用具等。

三是终末消毒。是指在病牛解除隔离、痊愈或死亡后，或者在疫区解除封锁前，为彻底消灭病原体，对牛体、牛舍和病牛周围的一切物品进行的最后消毒，一般只进行1次。

（七）消毒时的注意事项

奶牛场和规模化养牛小区的消毒不可随心所欲，应当按一定程序进行。应选择对人、牛和环境安全、无残留毒性，对设备没有腐蚀性，在牛体内不产生有害蓄积的消毒防腐药。要针对不同的消毒对象采用不同的药物，并采取不同的消毒方法。如牛舍、牛场道路、车辆可用次氯酸盐、苯扎溴铵等进行喷雾消毒；用热碱水清洗挤奶机器管道，尤其注意对牛体进行消毒；在挤奶、助产、配种、注射治疗等操作前，操作人员应先进行消毒，同时对牛乳房、乳头、阴道口等进行消毒，防止引发乳房炎、子宫内膜炎等疾病，保证牛体健康。

第一，充分了解各种消毒防腐药的特性，并根据其特性选择使用方法。

第二，奶牛的排泄物和分泌物影响消毒效果，在消毒前要先清理粪便、尿液和其他杂物，必要时进行彻底清洗。

第三，各种消毒防腐药在使用时必须根据其标示的浓度使用。过浓则毒性大、刺激性大，且在经济上造成浪费；过稀则无效或消毒效果不理想。稀释过的药物应1次用完，原液应贮存在冷暗处。

第四，保证消毒防腐药对病原体的作用时间。如果时间太短则达不到杀灭病原微生物的目的。

第五，不可随意混用消毒防腐药，以免降低消毒效果。若需要使用几种药物，可先单独使用一种，数天后调换使用另一种。

第六，每种消毒防腐药各具特性，其难杀灭的病原体种类也不一定，长久单独使用同一种消毒防腐药，可能使一些该种药物无法杀灭的病原体大量繁殖，也可产生耐药性。因此，应定期更换使用消毒防腐药。

第七，消毒不是万能的，它只是综合防疫中的措施之一，必须结合检疫、免疫、环境控制、生物安全措施以及卫生保健等一起实施，切不可因为做了消毒而忽视其他措施。

二、奶牛生产中的消毒技术

(一)环境消毒

奶牛牛舍消毒是保证奶牛健康、牛奶卫生安全以及牛场生产管理人员健康的重要措施，奶牛场一般每半年或每月进行全场大清扫、消毒1次。奶牛场牛舍的消毒一般分为两步进行。

第一步，清扫或洗刷。机械清扫是搞好牛场牛舍环境卫生的基础方法，任何优良的消毒药也无法取代机械清扫这一工作。通过清扫，在清除污物的同时，大量的病原微生物也被清除。为了避免尘土和微生物飞扬，可先用水或消毒液进行喷洒，然后再清扫(或清除)粪便、垫料、剩余饲料、垃圾、尘土等。扫除的污物集中进行焚烧或生物发酵处理。

第二步，喷洒消毒药。牛场道路、牛舍清扫或洗刷干净后，即可用消毒液进行喷洒消毒，消毒液的用量一般为每平方米1升，泥土地面、运动场等地可适当增加。消毒时应按一定的顺序进行，一般从离门远处开始，以地面、墙壁、棚顶的顺序喷洒，最后再将地面喷洒1次。如果用氢氧化钠溶液、甲酚皂溶液等刺激性强的药物消毒饲槽，消毒后应用自来水将消毒液冲洗掉。

牛场道路、牛舍消毒可用1%～4%氢氧化钠溶液、0.2%过氧乙酸溶液、5%～20%漂白粉溶液、84消毒液、20%石灰乳等消毒防腐药。

哺乳期犊牛舍应每周消毒2次以上，成年牛、青年牛和育成牛牛舍每周消毒1次。

(二)用具消毒

对喂奶用具，如奶壶、奶桶、擦洗乳房的毛巾、擦洗犊牛嘴巴用的毛巾、盛牛奶用具等使用后要及时进行清洗，每日消毒1次。先用清水冲洗，再用0.1%苯扎溴铵溶液或0.5%氯己定溶液或百毒杀等消毒液进行消毒，消毒后再用清水冲洗1遍。

(三)运载工具消毒

运载工具可能因经常运输奶牛及其产品而被污染，装运前后和运输途中若不进行消毒，可能会造成所运输的牛感染发病或产品污染，严重时会引起病原体沿途散播，造成疫病流行。因此，装运奶牛及其产品的运载工具，必须进行严格的消毒。奶牛及其产品运出县境时，运载工具消毒后还应由动物防疫检疫机构出具消毒证明。运载工具消毒时，应根据不同的运载工具选用不同的消毒方法和消毒药物。

1. 运输前的消毒 在装运奶牛及其产品前，首先对运载工具进行全面的清扫和洗刷，然后选用2%～5%漂白粉澄清液、2%～4%氢氧化钠溶液、0.5%过氧乙酸溶液、20%石灰乳等进行消毒，每平方米用药液量为0.5～1升。

2. 运输途中的消毒 使用火车、汽车、轮船、飞机等长途运送奶牛及其产品时，应经常保持运载工具内的清洁卫生。条件许可时，每日打扫1～2次，清扫出的粪便、垃圾等集中在一角，到达规定地点后，将其卸下集中消毒处理。如运输途中发生疫病，应立即停止运输，并与当地动物防疫检疫部门取得联系，妥善处理病牛，根据疫病的性质对运载工具进行彻底消毒。发生一般传染病时，可选用1%～4%氢氧化钠热溶液、3%～5%甲酚皂溶液、0.5%过氧乙酸溶液喷洒。清除的粪便、垫料等垃圾，集中堆积发酵处理。发生烈性传染病时，应先用消毒药液进行喷洒消毒，然后彻底清扫，清扫的粪便、垫料等垃圾堆积烧毁，清扫后的运载工具再选用10%漂白粉澄清液、1.6%甲醛溶液、0.5%过氧乙酸溶液、4%氢氧化钠溶液等进行消毒，每平方米使用消毒液1升，消毒半小时后用70℃热水喷洗运载工具内外，然后再用消毒液进行1次消毒。

3. 运输后的消毒 运输途中未发生疫病时，运输后先将运载工具进行清扫，然后按运输前的消毒方法进行消毒。运输途中发生过疫病的，运输后运载工具的消毒可参照前述方法进行。

(四)消灭蚊、蝇，防鼠、灭鼠

蚊、蝇、老鼠、飞鸟等也是奶牛疫病传播的媒介之一，在疫病综合防治中也应该重视这一环节的防控工作。

1. 搞好奶牛场区的环境卫生 搞好奶牛场区的环境卫生是做好蚊、蝇、鼠害防控的一项基础措施，及时清理牛舍和生产区的垃圾、粪沟、杂草、积肥场卫生，可以减少蚊、蝇的孳生场所，也可以减少老鼠的藏身之处。因此，要经常清理场区的杂物、垃圾、污水、杂草堆等，认真做好奶牛场的环境卫生工作。

2. 消灭蚊、蝇的方法

第一，保持牛舍通风良好，及时清除粪便、尿液、积水，定期做好牛舍消毒工作是减少蚊、蝇繁殖的前提条件。

第二，定期喷洒灭蚊、蝇药物是控制蚊、蝇繁殖的有效措施。在选用灭蚊、蝇药物时，应该选择对奶牛无毒性作用或毒性低的药物进行喷洒。如“灭蝇灵”在灭蝇时即使喷洒到奶牛的饲草、饲料上也不会对牛的安全造成影响。每月可在蚊、蝇易孳生的地方喷洒1～2次。

3. 防鼠、灭鼠方法

第一，及时维修饲料库墙壁、门窗上的破损，防止老鼠进入。

第二，投放毒鼠药进行灭鼠。要选择对人、牛安全性高的灭鼠药，严禁使用违禁灭鼠药，以防对生态环境造成危害。投放灭鼠药时应将毒饵放在专用的毒饵盒内，不可随意散放，投放毒饵的地点应该远离饲料，并要有专人管理，及时投放、及时清理，以免造成人或牛误食。

三、治疗对象和操作者的消毒

（一）治疗对象的消毒

在给病牛进行注射、输血、手术时，应对注射部位和手术部位的皮肤进行严格的消毒。常用于皮肤的消毒药有2%～5%碘酊、70%乙醇、0.1%苯扎溴铵溶液、0.5%氯己定等溶液；口腔、直肠、阴道等处黏膜消毒时，常用0.1%雷佛奴尔溶液；眼结膜消毒时，常用2%～4%硼酸溶液；蹄部消毒时，常用0.1%苯扎溴铵溶液。

手术部位消毒时，应从手术区中心开始向四周涂搽消毒液，但对感染创或肛门等处进行消毒时，则应从清洁的周围开始向内涂搽。术部消毒方法有碘酊消毒法和苯扎溴铵溶液消毒法两种。

1. 碘酊消毒　先用70%乙醇对术部脱脂，然后用2%～5%碘酊涂搽，3～5分钟后用70%乙醇棉球涂搽脱碘。

2. 苯扎溴铵溶液消毒　先对手术部位进行剪毛处理，用清水冲洗术部，0.1%苯扎溴铵溶液清洗（擦洗）术部，再用2%～5%碘酊涂搽，75%乙醇棉球涂搽脱碘，盖上创巾。

注射、穿刺部位消毒时，先用70%乙醇脱脂，然后用5%碘酊涂搽，再用70%乙醇脱碘，脱碘后即可进行注射或穿刺。

(二)操作者的消毒

防疫员和兽医与病牛接触时应根据需要穿戴已消毒的工作服、手术衣、帽子、口罩、胶靴等，并应修剪指甲，清洗手臂，然后进行彻底消毒。手术时术者手臂应按一定顺序进行清洗消毒，常用的手臂消毒方法有两种。具体步骤如下。

1. 不戴手套的苯扎溴铵溶液消毒法 用肥皂水反复刷洗手臂2～3分钟，清水冲洗手臂，在0.1%苯扎溴铵溶液中浸泡手臂3～5分钟，用2%～5%碘酊棉球涂搽指缝、指端处，再用70%乙醇棉球涂搽指缝、指端脱碘，准备手术。

2. 戴手套的苯扎溴铵溶液消毒法 用肥皂水反复刷洗手臂2～3分钟，清水冲洗手臂，在0.1%苯扎溴铵溶液中浸泡手臂3～5分钟，戴上一次性医用乳胶手套，准备手术。

经过消毒后的手臂，不可接触未消毒的物品。如误触未消毒物品时，应重新进行消毒。进入手术室后应该穿上手术衣、戴上手术帽和口罩。

四、常用治疗器械的消毒

奶牛防疫员的日常工作中总要使用一些治疗器械，对病原微生物污染的器械必须进行相应的消毒处理，也可能要协助兽医做一些手术器械的消毒工作。所以，掌握常用治疗器械的消毒方法是十分必要的。

对于玻璃注射器、注射针头、奶针、穿刺针头、柳叶刀等一般的治疗器械，可选用蒸、煮的方法进行高温灭菌，即将上述器械在沸水中煮沸(或蒸)15～20分钟。也可将这些用品在0.1%苯扎溴铵溶液中浸泡30分钟，然后用蒸馏水或生理盐水冲洗后再用。

对于手术器械，如手术刀、手术剪、止血钳、持针钳、镊子、缝合线等，最好用高压蒸汽灭菌锅进行灭菌，要求在103千帕压力（或121℃）下保持30分钟。在没有高压灭菌器的情况下也可选用蒸、煮的方法进行高温灭菌，但蒸煮的时间要在30分钟以上。

处理外伤的器械或手术刀、手术剪应在0.1%苯扎溴铵溶液中浸泡30分钟后，用蒸馏水或生理盐水冲洗后使用。

对于那些剖检病牛时所使用的器械，如果怀疑有病原微生物污染的可能，应将这些器械放入0.1%过氧乙酸溶液或0.1%苯扎溴铵溶液中浸泡30分钟后再清洗，并经煮沸或高压蒸汽灭菌后备用。

导尿管、胃导管、开口器、开膣器等器械，使用完毕后可放入0.1%过氧乙酸溶液或0.1%苯扎溴铵溶液或0.01%碘伏溶液中浸泡30分钟，然后清洗备用。

五、疫源地的消毒

传染病疫源地内各种污染物的消毒方法和使用的消毒药物参考剂量见表4-1。

表4-1 疫源地的消毒方法与消毒药物剂量

污染物	消毒方法和消毒药物剂量	
	细菌性传染病	病毒性和真菌性传染病
排泄物（粪便、尿液、呕吐物）	1. 成形粪便加2倍量5%～10%漂白粉乳液，作用2～4小时 2. 稀粪便可直接加漂白粉，用量为粪便量的1/5，作用2～4小时	1. 成形粪便加2倍量5%～10%漂白粉乳液，作用6小时 2. 稀粪便可直接加漂白粉，用量为粪便量的1/5，作用2～4小时

续表 4-1

污染物	消毒方法和消毒药物剂量	
	细菌性传染病	病毒性和真菌性传染病
分泌物（乳汁、脓液）	1. 加等量的10% 漂白粉乳液或1/5 量干粉，作用 1 小时 2. 加等量的 0.5%过氧乙酸溶液，作用 30～60 分钟 3. 加等量的 3%～6%甲酚皂溶液，作用 1 小时	1. 加等量的 10%～20% 漂白粉或 1/5 量干粉，作用 2～4 小时 2. 加等量的 0.5%过氧乙酸溶液，作用 30～60 分钟
饲槽、水槽和饮水器	1. 0.5%过氧乙酸溶液浸泡 30～60 分钟 2. 1%～2%漂白粉澄清液浸泡 30～60 分钟 3. 0.5%季铵盐类消毒溶液浸泡 30～60 分钟 4. 1%～2%氢氧化钠热溶液浸泡 6～12 小时	1. 0.5%过氧乙酸溶液浸泡30～60 分钟 2. 3%～6%漂白粉澄清液浸泡 30～60 分钟 3. 2%～4%氢氧化钠热溶液浸泡 6～12 小时
牛舍和运动场	1. 牛舍四壁用 2%漂白粉澄清液喷雾(200 毫升/米^2)，作用 1～2 小时 2. 牛舍与场内地面用 1%～2%氢氧化钠溶液或 5%甲酚皂溶液喷洒，1000 毫升/米^2，作用 6～12 小时 3. 0.2%～0.5%过氧乙酸溶液或 3%甲酚皂溶液喷雾或擦拭，作用1～2 小时	1. 牛舍四壁用 5%～10%漂白粉澄清液喷雾(200 毫升/米^2)，作用 1～2 小时 2. 牛舍与场内地面用 1%～2%氢氧化钠溶液或 5%甲酚皂溶液喷洒，1000 毫升/米^2，作用 12 小时 3. 0.2%～0.5%过氧乙酸溶液或 3%甲酚皂溶液喷雾或擦拭，作用 2～4 小时

续表 4-1

污染物	消毒方法和消毒药物剂量	
	细菌性传染病	病毒性和真菌性传染病
运输工具	1. 1%～2%漂白粉澄清液或0.2%～0.3%过氧乙酸溶液喷雾或擦拭,作用30～60分钟 2. 3%甲酚皂溶液或0.5%季铵盐类消毒溶液喷雾或擦拭,作用30～60分钟 3. 1%～2%氢氧化钠溶液喷洒或擦拭,作用1～2小时	1. 5%～10%漂白粉澄清液或0.5%～1%过氧乙酸溶液喷雾或擦拭,作用30～60分钟 2. 5%甲酚皂溶液喷雾或擦拭,作用30～60分钟 3. 2%～4%氢氧化钠溶液喷洒或擦拭,作用2～4小时
工作服和被单等织物	1. 高压蒸汽灭菌,121℃下15～20分钟 2. 煮沸15分钟(加0.5% 肥皂) 3. 2%漂白粉澄清液或0.3%过氧乙酸溶液或3% 甲酚皂溶液浸泡30～60分钟 4. 0.02%碘伏溶液浸泡10分钟	1. 高压蒸汽灭菌,121℃下30～60分钟 2. 煮沸15～20分钟(加0.5% 肥皂) 3. 2%漂白粉澄清液浸泡1～2小时 4. 0.02%碘伏溶液浸泡15分钟

进行疫源地消毒时,工作人员应注意防止疫情扩散和自身感染,消毒操作时应穿工作服,不得吸烟、饮食。消毒结束后,应及时脱下工作服,将脏的一面卷在里面,连同胶靴一并放入消毒桶内进行彻底消毒(也可穿戴一次性防护衣),所有的消毒工具均需用消毒液浸泡或擦拭,然后清洗擦干,最后工作人员应洗手消毒。

思考题

1. 消毒防腐药的作用机制是什么?
2. 使用消毒防腐药应该注意哪些问题?
3. 奶牛生产中的消毒工作主要包括哪些内容?

4. 手术时手臂消毒的步骤是什么?
5. 一般治疗器械应该怎样进行消毒处理?
6. 消毒药包括那些类型? 各举一例。
7. 聚维酮碘可用于哪些情况下的消毒?

第五章　防疫检疫技术

一、日常防疫措施

第一，生产区和生活区要严格分开。生产区门口要设消毒室和消毒池，消毒室内应设紫外线灯，池内使用2%～4%氢氧化钠溶液或0.2%～0.5%过氧乙酸溶液等药物，药液必须保持有效浓度。冬天结冰时，池内应铺撒一层厚度约为5厘米的石灰粉代替消毒液。

第二，进入生产区的人员需要换工作服、鞋、帽，不准携带动物、生肉、自行车等。严格限制外来人员随便进入生产区。

第三，做好卫生清洁工作，及时清理污物和粪便、尿液，减少周围环境中病原微生物数量，从而减少接触感染的危险性。

第四，定期消毒。犊牛舍每周消毒1～2次，产房每周消毒1～2次，夏天应该增加消毒次数，全场每年至少消毒2次。

第五，患传染病的病牛要及时隔离治疗，以控制疾病蔓延，减少健康个体感染病原微生物的机会。

淘汰牛群中的病牛，是一种对健康牛的保护手段。虽然我们未把淘汰单独列作一种预防措施，但实质上，它属于一种隔离措施，是减少健康牛与病原体接触机会的最好办法。

第六，调入调出的牛，必须有法定单位的检疫证书，调入的牛要隔离观察14～45天，确定无病后方可合群饲养。

第七，发生疫情，应立即上报有关部门，并采取相应的隔离、封锁和综合防治措施。在最后1头病牛痊愈后2周内无新病例出现，并经全面大消毒和上报上级主管部门批准后方能解除相应措施。

二、免疫接种技术

有组织、有计划地进行免疫接种，是预防和控制奶牛传染病的一种重要措施。

(一)炭　疽

炭疽是由炭疽杆菌引起的一种人兽共患急性、烈性传染病，以发病快、死亡率高为特点，对奶牛和人类危害巨大，必须定期进行预防注射。炭疽病发生后要及时向上级主管部门上报，发病地区要紧急接种炭疽芽孢苗。

奶牛场每年要对本病进行预防接种，每年春季(3 月份)或秋季(10 月份)用炭疽芽孢 2 号苗预防注射 1 次，全场牛一律皮下注射 1 毫升，7～14 天后产生免疫力，免疫保护期为 1 年。

(二)破伤风

破伤风又称锁口风，是由破伤风梭菌经伤口侵入而引起的一种急性、中毒性人兽共患传染病。以全身肌肉持续性、强直性收缩，瞬膜突出，四肢僵硬，兴奋性升高，死亡率高为特点。

破伤风多发地区应做破伤风免疫接种预防。破伤风菌苗是由纯化的破伤风毒素用甲醛转化成类毒素后吸附于磷酸铝上制备而成的，称为破伤风类毒素。免疫保护期为 1 年(新研制的破伤风类毒素首免后的免疫力可持续 3 年)，以后每年预防注射 1 次。犊牛皮下注射 0.5 毫升，成年牛皮下注射 1 毫升。3 周后产生免疫力，可选择在每年的春季或秋季进行免疫注射。

(三)口蹄疫

口蹄疫又称五号病，是偶蹄兽的一种急性、烈性传染病。本病的病原是一种冠状病毒，有 7 个血清型和 80 个以上的亚型。常见的 3 种血清型为 A、O、C，其他还有 SAT1、SAT2、SAT3 和亚洲Ⅰ型。全球有多种疫苗用于免疫牛群。所有的疫苗都源于组织培养病毒，使用牛舌组织上皮细胞以及乳鼠的肾细胞。病毒使用甲醛或其他方法灭活，并加入佐剂。

奶牛场每年春季、秋季各注射口蹄疫疫苗 1 次，受本病威胁地区可每年注射 3～4 次。接种疫苗后 7～21 天产生抗体。奶牛场周边地区发生本病时应该立即进行紧急接种预防。

犊牛在 3 月龄以前就可进行免疫接种，但犊牛如来自免疫牛群，则需在 4～5 月龄时再免疫 1 次，若有可能在 6 月龄时还要再免疫 1 次。这主要是母源抗体影响的原因。

免疫通常用单价苗，例如 A 型、O 型和亚洲Ⅰ型。理论上疫苗应与疾病暴发的病毒株或血清型同源。在许多情况下，疫苗应当针对分离出新病毒亚型的地区来生产。在许多不止 1 种血清型疾病暴发的国家会使用二价或三价疫苗。现在也有活疫苗，但是很少使用，因为毒力缺失和免疫遗传缺失之间可以选择的安全范围很窄。

免疫程序需要根据当地具体情况来制定。某些国家成年牛群每年免疫 1 次，犊牛则每 6 个月免疫 1 次。而另一些国家和地区，如南非和沙特阿拉伯国家至少每 4 个月免疫 1 次。

如果在非疫源地暴发口蹄疫，可采取循环免疫的方式来防治疾病的传播。免疫 1 次在 7～21 天可以产生免疫力，若使用高免疫苗，气溶胶免疫，在 4 天之内可以产生免疫力。这种免疫力持续的时间可能较短，但可以控制疾病和采取进一步的措施（如可以进行二次免疫或在圆形疫区内采取扑杀措施）。

边境地区免疫可以防止疾病在国家间传播，必要时可在疫区和非疫区之间设立缓冲带。

疫苗免疫的不足：第一，目前的疫苗不是十分有效，高免可能会产生免疫耐受，部分牛只会出现免疫力下降的情况。第二，隐性感染可能发生，尤其是疾病高发地区。第三，疫苗免疫和病毒感染产生的抗体滴度难以区分。第四，疫苗产生的免疫保护时间很短(2～6 个月)。疫苗和个体反应在时间上有所不同。第五，尽管报道的很少，但在一些情况下多次免疫可能引起变态反应。第六，偶尔在免疫后会出现类似于口蹄疫的病变。

(四)牛梭菌病

牛梭菌病也叫牛肠毒血症。由产气荚膜梭菌等引起，是引起成年牛和育成牛突然死亡的一种散发性疾病，个别地方呈地方性流行。

本病的临床症状很少，多数当发现时已到濒死期或已经死亡。有时在临床上还有引起局部坏死的特殊情况。

一般来说，梭菌病菌苗是由甲醛灭活的细胞吸附于氢氧化铝上制备而成的类毒素菌苗。常用剂量为 2 毫升，皮下注射，保护期为 6 个月。

(五)牛病毒性腹泻-黏膜病

牛病毒性腹泻-黏膜病病毒广泛分布于世界各地，牛病毒性腹泻-黏膜病在我国偶有发生。目前，我国尚未生产出预防本病的疫苗，国外已生产出预防牛病毒性腹泻-黏膜病的灭活疫苗。具体的用法、剂量、生产商和免疫程序见表 5-1。

表 5-1　牛病毒性腹泻-黏膜病疫苗的用法、剂量、生产商和免疫程序

名　称	生产商	用法和剂量	免疫程序	免疫力维持时间
Bovidec Bovilis BVD（灭活苗）	英特威	皮下注射，每头每次接种1头份	两次免疫间隔期3周，为保护胎儿可于产前3个月免疫，产前1周结束	免疫期14个月，推荐每年加强免疫1次
Rispoval 4（灭活苗）	辉　瑞	肌内注射，每头每次接种1头份	8月龄首免，4周后第二次免疫；欲保护胎儿，至少应该在妊娠前4周首免	每年加强免疫1次

(六)牛副结核

牛副结核又称副结核肠炎，是由副结核杆菌引起的一种慢性、接触性传染病。

本病可用菌苗预防。常用的菌苗有两种：一种是用活的副结核杆菌制成的油佐剂苗；另一种是 Sigurdsson 灭活苗，该疫苗能干扰结核菌素的检测，可使检测反应呈阳性，在副结核皮试中可见明显的假阳性。

此菌苗在犊牛1月龄内接种，采用皮下注射，多选用颈下的肉垂部位，剂量为1头份。

(七)牛传染性鼻气管炎

牛传染性鼻气管炎的病原为Ⅰ型牛疱疹病毒。本病对世界范围内的奶牛生产造成了严重的经济损失。牛传染性鼻气管炎疫苗已经在实践中应用了多年，各年龄阶段的牛都适用，但不能保护处于潜伏期的牛，免疫接种后牛可保持血清阳性。当进行检疫检测时要考虑接种此疫苗的可行性。具体的用法、剂量、生产商和免疫程序见表5-2。

表5-2 牛传染性鼻气管炎疫苗的用法、剂量、生产商和免疫程序

名 称	生产商	用法和剂量	免疫程序	免疫力维持时间
Bayovac IBR-标记活苗	拜 尔	鼻内接种，每头每次接种1头份	从2周龄开始首免的犊牛，首免后3～5周第二次接种（一剂鼻内接种，一剂肌内注射）	每6个月加强免疫1次
Bovilis IBR-标记灭活苗	英特威	鼻内接种或肌内注射，每头每次接种1头份	犊牛从4周龄开始免疫，12周龄时第二次接种。或12周龄时接种1次。特殊情况下可自1周龄时免疫接种	每年加强免疫1次

(八)钩端螺旋体病

钩端螺旋体广泛分布于世界各地，钩端螺旋体病是一种重要的人兽共患病。在牛中较重要的为哈德乔型问号钩端螺旋体和哈德乔型钩端螺旋体(牛哈德乔型)，后者为主要病原体。两种病原体均可引起流产，并已被认为是导致产奶下降综合征的原因之一，此外还可以导致奶牛不孕。目前应用的疫苗有两种，均为灭活疫苗。

在制定免疫计划时，应考虑在本病高危期来临前进行免疫接种，草地散养的牛在放牧结束的时候接种。若有必要在其他时间进行免疫，可以在翌年春季加强免疫，之后每年免疫1次。犊牛可以接种疫苗，但必须大于5月龄，因为母源抗体会影响免疫反应。所有引入到免疫牛群的未接受钩端螺旋体免疫的牛只(包括公牛)都应隔离，接受抗生素治疗和疫苗免疫。抗生素用于清除肾脏感染的钩端螺旋体，推荐使用青霉素、链霉素(25毫克/千克体重)和氨苄青霉素(15 毫克/千克体重,长期用药)。总的说来,引进牛群应隔离至第二次免疫后的第七天。

接种疫苗后,在疾病暴发过程中牛群能获得很好的免疫力,几乎不可能再次感染和由尿液中排出病原体。

免疫后的牛只可能是钩端螺旋体的携带者,所以仍有感染人的危险。血清学检测可能呈现阳性,这对于牛群输出和建立健康群体具有重要意义。

接种免疫是预防奶牛发生传染病的一个重要措施,但对不同牛场及不同年龄阶段的牛群来说,免疫程序也不尽相同。结合牛场的具体情况、周边疫情等因素应制定出适合本场情况的免疫程序,不可生搬硬套。适合于任何地方的万能免疫措施是不存在的。

根据各奶牛场的具体情况,也可有针对性地将犊牛腹泻、犊牛副伤寒、乳房炎、衣原体等病纳入免疫内容之中。

三、检疫技术

防疫是奶牛场全年一刻也不能放松的工作,树立全年防疫意识对保护奶牛生产来说至关重要。检疫是奶牛场防疫内容的一部分,检疫一般在每年的春、秋季完成,通过检疫可以了解牛群是否感染了某种特定传染病及感染程度,也可以为净化特定传染病提供诊断依据。奶牛场检疫主要针对那些对奶牛生产危害严重的传染病和人兽共患传染病。

(一)布鲁氏菌病

本病是由布鲁氏菌引起的一种人兽共患病,以流产、慢性子宫内膜炎、不孕、胎衣不下、关节炎和公畜睾丸肿大为临床特征。

布鲁氏菌病的检疫、检测工作由兽医站或各地的兽医主管单位来完成,每年春季和秋季各采血化验 1 次。布鲁氏菌病阳性奶牛一律扑杀后进行深埋或焚烧，目前不允许（或不提倡）用菌苗预防本病。

目前，牛布鲁氏菌病的检疫方法包括以下 3 种。

1. 试管凝集反应 是我国现行的法定诊断方法。牛的判定标准为凝集价大于 1∶100 以上为阳性。布鲁氏菌病在慢性期的阳性检出率较低。可疑反应者在 10～25 小时重复检查 1 次。此诊断方法适合于实验室操作。

2. 虎红平板凝集试验 取被检血清 0.03 毫升加抗原 0.03 毫升，混合。4 分钟内观察反应结果。凝集者为阳性，不发生凝集者为阴性。本方法较为简单，可作为阳性牛的初步筛选方法。对初检阳性牛最后再进行试管凝集反应确定。

3. 布鲁氏菌病快速诊断试纸条 这是我国最新研发的新型快速诊断方法，也叫胶体金法快速诊断试纸。本方法简单、快速、特异性高，与试管凝集反应的符合率高达 97.6%以上。奶牛场防疫员可用本方法进行牛群布鲁氏菌病的随时初检。具体操作方法是：取生理盐水 3.9 毫升，向其中加入待检牛血清 0.1 毫升。取出奶牛布鲁氏菌病快速诊断试纸条，将箭头端浸入其中，浸入深度不可超过试纸条上所画的标记线。当看到水印向上扩延时，将试纸条取出进行观察。3～5 分钟内，如果试纸条中间的白色反应区内出现 2 条红色反应线，则说明此待检牛为布鲁氏菌病阳性；反之为阴性。

（二）结核病

结核病是由结核杆菌引起的一种人兽共患传染病，以肺脏、乳房等处形成结核结节为特征。

每年春季和秋季共进行 2 次结核病检疫，检出的阳性牛在 2 天内送隔离场或者屠宰，可疑反应的牛进行隔离复检。本病检测由兽医站或各地的兽医主管单位或牛场兽医来完成，牛场兽医必须深刻理解、准确掌握牛结核病的检疫方法。

1. 注射部位　牛的颈中上部是结核病检疫的注射部位，3 月龄以内的犊牛可选择肩胛部。注射部位先剪毛或剃毛，一般为直径 10 厘米大小即可。

2. 测皮厚　剪毛或剃毛后用游标卡尺测量皮厚，并做好记录。

3. 注射结核菌素　用 70％乙醇棉球对注射部位进行擦拭后，一律皮内注射 10 000 单位牛提纯结核菌素，一般将其稀释成每毫升 100 000 单位溶液，皮内注射 0.1 毫升。皮内注射后 72 小时再用游标卡尺测量皮厚，并观察结果。

4. 结果判定　注射部位出现明显的红肿判定为阳性；注射部位两次皮厚差大于 4 毫米者判定为阳性，进口牛皮差大于 2 毫米者判定为阳性；皮厚差在 2.1～3.9 毫米间者判定为可疑；无炎症反应，皮厚差在 2 毫米及以下者判定为阴性。凡判定为可疑反应的牛，在第一次检疫 30 天后进行复检，其结果仍然为可疑的则判定为阳性。

5. 注意事项　注射提纯结核菌素前后的两次皮厚测量工作应该由同一人操作完成，这样可以减少操作误差；对结核阳性牛一定要果断地按照相关规定处理，千万不可姑息；注射剂量要足，严禁打空针。

（三）牛副结核

本病在一些正规化奶牛场已经将其纳入每年的例行检疫之中，检疫方法与结核病相同。

（四）衣原体病

衣原体病又称鹦鹉热或鸟疫，是由衣原体引起的一种人兽共患病。衣原体可引起牛、羊、猪、猫、鸡、鸟等多种动物和人的共计 30 种传染病，对人、畜健康造成威胁。牛感染本病后主要表现类型有流产型、关节炎型、肺炎型、肠炎型。

在受本病威胁的地区，奶牛场可将本病列入年度检疫内容之中。

在对本病的诊断上，我国也已研制出衣原体胶体金法快速诊断试纸条，可用于生产中的快速诊断。其使用方法同奶牛布鲁氏菌病胶体金法快速诊断法。

另外，应将牛病毒性腹泻-黏膜病、传染性鼻气管炎、白血病逐步列入每年的常规检疫中，检出牛按有关规定处理。

免疫接种要坚持“一严、二准、三不漏”的原则，即严格执行预防接种制度，接种疫苗剂量和部位要准确，一头不漏，全部注射。

每年春、秋季检疫结束后，应立即对牛舍内外和用具等进行 1 次大消毒。

思 考 题

1. 对奶牛口蹄疫应该如何进行免疫预防？

2. 奶牛布鲁氏菌病检疫有哪些方法？

3. 奶牛结核病检疫的判断标准是什么？对于阳性病例应该如何处理？

第六章　基本临床检查技术

在疾病的不同发展阶段，它的临床表现和病理变化是有差别的，所以必须注意疾病各发展阶段的特殊性，这样才有助于观察疾病做出准确诊断。

诊断是治疗的前提，离开诊断就谈不上治疗。奶牛防疫员应该掌握一些基本的疾病观察方法，以便及时发现异常表现，确定奶牛是否患病。

另外，在协助兽医进行牛病防治工作中，防疫员应该对一些基本的诊断方法有所了解，这有助于全面深刻理解兽医的治疗意图。

一、奶牛疾病观察要点

奶牛患病之后，总会表现出行为、形态结构、生理功能或生产性能方面的一些异常变化。这些异常变化就是我们所说的临床症状。临床症状可以分为下面两类：一是一般性临床症状，即大多数疾病发生过程中都会表现出的共有症状；二是某些疾病发生过程中表现出的特有症状，这些症状对临床诊断有十分重要的作用，如尿液呈烂苹果味是奶牛酮病的特异性临床症状，原地转圈运动是牛脑包虫病的特异性临床症状，第三眼睑突出是奶牛破伤风病的特异性临床症状等。

防疫员如果对牛的结构形态、行为表现进行仔细、认真的观察，就可以发现牛发病过程中所表现出的特异性临床症状，及时报告给兽医，就可以帮助兽医在短时间内做出准确的诊断和治疗。相反，就会延长诊断时间，甚至导致误诊。

因此,要求防疫员在生产和工作过程中不但要善于发现牛的异常表现,还应该掌握一些基本的观察要点和方法,做到知道观察和会观察。

(一)全面了解牛体各部位的正常形态

熟悉牛体各部位的正常形态,是及时发现异常变化的前提条件。

另外,为了交流上的方便,还应该对牛体的各部位名称有所了解,如肷窝、腰角、系关节、鼻镜等。

在观察牛体各部位结构形态是否正常时,可以采用左右对比的方式进行观察,因为牛体左右是对称的。例如,如果左侧腕关节显著大于右侧腕关节,则说明左侧腕关节肿大;如果一侧的髋结节显著高于另一侧髋结节,表明牛可能在发情爬跨或跳跃过程中造成了一侧髋关节脱臼;如果左侧肷窝臌胀明显,则说明牛瘤胃发生了臌气;如果右侧肷窝臌胀明显,则表明牛可能发生了肠扭转、皱胃扭转等疾病。

当两侧都发生形态异常,或无法进行左右对比时,可以采用不同个体相同部位对照的方式进行观察。例如,如果两侧跗关节都肿大,则可能是犊牛副伤寒或风湿性关节炎的病理变化表现。所以,通过观察牛体局部结构的异常表现,是我们早期发现疾病、诊断疾病的一个基本方法。

(二)精神状态的观察

健康奶牛反应敏捷、活泼好动,两眼机警有神;患病牛一般精神沉郁,目光呆滞,反应迟钝。

(三)行为、姿势的观察

在疾病因素作用下,奶牛还会表现出行为方面的某些异常变化，通过仔细观察其行为、姿势表现，也有助于我们捕捉疾病信息，对疾病做出准确的诊断或及早发现病牛。

牛和马的颈部长短不相上下，但在走路过程中，马总是高抬头颈，而牛却总是低头走路。如果牛走路时像马一样抬头挺胸，则表示牛患了某种疾病，而表现出了神经系统症状。如当奶牛患酮病时，就可能会表现出这一姿势。

牛患创伤性心包炎时，喜欢选择前高后低的站立姿势，借此来缓解扎入心包的金属异物所引起的剧烈疼痛。

蹄病是导致牛站立姿势异常的一个常见原因。病牛大多喜欢躺卧。但对于一些患有特殊疾病的牛而言，会表现出喜欢站立、不愿意躺卧，如牛患皱胃左方变位时。通过观察奶牛的躺卧姿势有助于发现病牛。病牛在躺卧时所呈现的姿势也有差异。牛正常休息时是采取两前肢腕关节屈曲压于胸下，后躯稍偏于一侧，一后肢弯曲压于腹下，另一后肢屈曲位于侧方。如卧姿发生改变或卧下而不愿起立，则表明运动器官患病或出现了比较严重的全身性疾病。如牛呈犬坐姿势，前肢能正常活动，而后躯拖地或两肢向两边叉开，多数是脊髓受损而发生了截瘫；但也可能是双侧性髋关节脱位或股骨骨折。奶牛在纤维性骨炎继发骨折与脱位时，往往也卧地不起。股神经麻痹时两后肢常向后伸直，用腹部着地。

(四)食欲的观察

观察奶牛的食欲也是判断其是否患病，以及判断疾病性质的一个重要指标，因为食欲状况直接反映了奶牛消化系统的生理功能。食欲下降、食欲废绝或偶尔吃几口，这三种情况有时会给我们确诊疾病提供重要帮助。标准化的饲槽设计也为我们观察奶牛的采食情况提供了便利，我们站在饲喂车间的一端就可以将奶牛的采食情况尽收眼底。但观察奶牛的采食情况一定要仔细认真。

（五）鼻唇镜的观察

鼻唇镜也叫鼻镜，是指牛上唇中部和两鼻孔之间的无毛区，内有鼻唇腺，分泌液体经导管通到鼻唇镜上呈现露珠状。

如果牛鼻唇镜上没有露珠状的水珠，而表现干燥甚至干裂，都是不正常的表现。

一般情况下，鼻镜干裂是牛瓣胃阻塞的临床表现，鼻镜干燥是牛患发热性疾病的临床表现。

（六）粪便形态的观察

粪便就像消化道或肠道的一面镜子，当奶牛患某些消化道疾病时，常常能通过粪便反映出所患疾病的特点，也可间接地告诉我们病变发生的部位，不同形态的牛粪在许多情况下会给我们发现病牛、诊断牛病提供重要的参考。

要用敏锐、细致、深刻的观察能力来认真观察奶牛粪便形态特点。下面就几种粪便所代表的疾病类型作一具体介绍。

第一，粪便颜色黑、干燥。对成年牛来说，粪便干燥的直接原因是胃肠弛缓或麻痹，多由发热所引起。如在口蹄疫、流行热等热性疾病的初期，有相当数量的病牛粪便会呈现这种形态变化。

第二，胶冻样粪便。粪便外裹有胶冻样物质、质地黏稠。这是肠梗阻、肠套叠的典型表现。阻塞程度不同，胶冻样物质中所含粪便的多少也有差别。完全阻塞时只能排出少量胶冻样物质，胶冻样物质中几乎不含粪便。肠阻塞多由饲料中的异物引起，慢性肠炎也可引起肠梗阻，胃肠扭转可直接引起胃肠梗阻。

严重的皱胃左方变位也可引起奶牛不完全性肠梗阻，此时粪便中会出现一定数量的黏液，这是肠黏膜脱落的结果。阻塞程度更进一步时，少量粪便的外面可被胶冻样黏液完全包裹，形成内有少量粪便外包胶冻样黏液的球形粪便（好似汤圆状）。

第三，水样粪便。这种粪便的特点是粪便水样，水、草分离，粪便中含有未消化的较长草段，粪便有恶臭味。瘤胃功能严重障碍是导致此表现的直接原因，当然，前胃弛缓、创伤性网胃腹膜炎、瓣胃和皱胃阻塞也可继发瘤胃积食。

第四，稀面糊状粪便。奶牛副结核病在持续性腹泻阶段会表现出这种粪便异常，其特点是腹泻量大，严重时呈喷射状，泻出的粪便质地均匀、细碎、呈稀面糊状。

第五，含有血液、黏液的水样粪便。这种粪便是奶牛在患病状态下常见的一种粪便形态，多见于牛病毒性腹泻-黏膜病、肠炎、食盐中毒等疾病。

第六，含有鲜红色血液、血块的腹泻粪便 。此类粪便多见于奶牛冬痢和牛球虫病。奶牛冬痢多发生于成年牛，而奶牛球虫病多发生于 2 岁以内的牛。

第七，牛梭菌性肠炎粪便。粪便呈恶臭的黑色水样，有一定黏度，并含有少量血液成分。

第八，粪便干、少，呈球状或饼状。这种粪便形态较少见，是奶牛瓣胃阻塞的症状之一，色泽变化不大。

第九，粪便中含有较多未消化的精饲料颗粒。常由于一次喂给较多精饲料，或突然更换饲料所致。其特点是粪便中含有多量未消化的精饲料颗粒，带有较强的酸臭味。出现这种情况时，一般经过短暂的禁食精饲料或适当调理大多数可恢复正常。

二、奶牛临床检查基本技能

(一)体温的测定

体温变化是疾病的一个重要临床特征，奶牛的正常体温为 37.5℃～39.5℃。这里所说的体温指的是直肠温度。

1. 体温测定的操作方法 ①检查体温计是否完好。②将体温计的水银柱甩至35℃以下。③用70%乙醇棉球擦拭体温计，以达到消毒和滑润的目的。④保定好奶牛后，缓缓旋动着将体温计插入奶牛的肛门内，并固定好体温计。⑤让体温计在直肠内停留3～5分钟后取出读数。

2. 判定标准 虽然奶牛的生理体温随年龄、状态、环境、性别等因素的变化而有所变化，但其变化幅度一般不会超过0.5℃。奶牛具有耐寒、怕热的先天特性，许多奶牛在夏天正常体温可上升至接近40℃，这一点大家需要注意。

(1)微热 体温超过常温0.5℃～1℃，多见于局部性炎症和较轻的一些疾病，如口炎、鼻炎、结核病初期等。

(2)中热 体温超过常温1℃～2℃，多为一般性发热疾病引起。

(3)高热 体温超过常温2℃～3℃，多见于中暑、附红细胞体病、泰勒虫病、流行热、口蹄疫等急性传染病或大面积炎症(如大叶性肺炎)所引起的疾病。

(二)皮肤和被毛的检查

皮肤和被毛的检查主要通过视诊和触诊来完成，其主要内容包括以下几方面。

第一，观察被毛是否整齐、光亮。被毛粗糙无光泽、不按季节脱毛、秃毛等都是病态的表现，常见于慢性病和皮肤疾病。

第二，触摸和观察皮肤的温度、湿度、弹性、颜色和感觉。角温热，鼻镜干而热甚至龟裂或结痂，则表明发热 。鼻镜干燥也是脱水的表现。检查弹性的方法是用手指提起奶牛颈部的皮肤，捏成皱褶，然后放开，健康奶牛皱褶会很快复原，皮肤患病或机体脱水时则迟迟不能复原。

(三)可视黏膜的检查

可视黏膜包括眼结膜、鼻黏膜、口腔黏膜和膣部黏膜。检查时应在光线充足的地方进行,但避免光线直接照射。注意黏膜有无苍白、潮红、发绀、黄染,有无肿胀、出血、溃疡以及分泌物的性状。还应注意口、鼻有无异味。

1. 眼结膜检查　一手持角、一手持鼻中隔,一手向内、一手向外扭转头部,眼结膜即暴露。

⑴苍白　多为大出血的表现,如肝脏、脾脏、胃、子宫、横膈膜、乳房等大血管破裂。

⑵潮红　常见于发热性疾病,如肺炎、胃肠炎、流行性感冒、流行热等。

⑶发绀　常为病情严重或危急的征兆,多见于呼吸困难。

⑷黄染　多见于血液寄生虫病、肝病等。

2. 口腔检查　观察是否流涎、吐水,口中有无异常气味和病理变化。如奶牛患酮病时口中常有烂苹果味,患口蹄疫时口、舌黏膜上常有大小不等的水疱。

3. 膣部黏膜检查　首先看阴门和尾巴有无黏液。膣腔中流出脓性分泌物多为子宫炎、阴道炎;膣腔中流出无色透明黏液而且膣部黏膜潮红则可能为发情;其他颜色变化同于眼结膜。

在检查黏膜时,观察乳牛的乳房、乳头无毛处皮肤的颜色变化,对诊断疾病也很重要。

(四)天然孔的检查

天然孔道主要指肛门、阴门、鼻孔、口、眼等。其主要检查内容包括以下几方面:第一,是否有损伤;第二,黏膜色泽有无异常;第三,分泌物或排泄物的形态、色泽和气味观察;第四,开张状况和松弛或紧张状况。

(五)瘤胃听诊

听诊瘤胃是检查奶牛瘤胃蠕动情况的一个重要手段。

1. 听诊部位 借助听诊器在左肷窝处听诊。

2. 正常蠕动次数 奶牛瘤胃的正常蠕动次数为每分钟2～3次。

(六)瘤胃触诊

1. 触诊部位 左肷窝。

2. 触诊方法和内容 利用拳头或手掌间断性地用力按压左肷窝处(图6-1),可隔着左肷窝外腹壁感觉到瘤胃的紧张性、瘤胃内容物性状、瘤胃与腹壁的距离等内容,这些内容在某些情况下对诊断牛病有重要的参考价值。

图6-1 瘤胃触诊示意

(七)腹腔穿刺检查

1. 穿刺部位 奶牛自然站立时,腹部的最低处附近为其腹腔穿刺部位。

2. 操作要点　第一，充分保定好奶牛，最好取站立姿势；第二，剪毛，用碘酊棉球消毒、乙醇棉球涂搽脱碘；第三，将针头刺入腹腔；第四，抽取或收集腹腔液；第五，观察数量、性状或送实验室检查。

（八）直肠检查

直肠检查也叫直肠触诊（图 6-2），是兽医临床上常用的一种诊断方法，既可用于妊娠诊断，也可用于牛病诊断。方法及要点如下。

第一，确实保定好奶牛，一般取站立姿势。

第二，剪指甲，清洗手臂，并涂以肥皂或润滑剂，或戴上一次性长臂手套。

第三，五指并拢呈圆锥状；缓缓旋转着插入肛门，牛努责时不要用力，掏出直肠内的宿粪。将直肠狭窄部套于手上，进行仔细认真的触摸检查。

图 6-2　直肠检查示意

（九）开膣器产道检查

1. 适用情况　适用于发情鉴定、子宫内送药、人工授精、难产等时的检查。

2. 操作方法 第一步，外阴及后躯清洗消毒，并固定好尾巴。第二步，开膣器清洗消毒；第三步，闭合开膣器，使开膣器裂和阴门裂相吻合，缓缓将开膣器插入阴道；第四步，将开膣器裂转成与阴门裂垂直，打开开膣器；第五步，借助光源进行观察；第六步，检查完毕后取出开膣器。

（十）临床问诊

问诊是了解发病情况，收集临床症状，进行初步诊断的重要方法之一。问诊应注重如下几个方面的询问。

第一，询问发病情况与经过，如发病时间、地点，发病后的主要表现，同群和邻近群有无类似发病情况，畜主估计的病因等。

第二，询问病牛的病史，是否发生过类似的疾病，其经过和结局如何。

第三，询问饲养管理情况，如饲料情况，饲喂方法，年龄与饲养阶段，生产性能变化情况，近期饲养管理变更情况等。

第四，询问防治情况，如用过的药物、剂量、次数、方法与效果，初诊结果，接种疫苗情况等。

（十一）尸体剖检方法

1. 姿势 奶牛进行尸体剖检时应该选择左侧卧姿势。

2. 外部观察 在正式进行尸体剖检前，应先对病牛的年龄、营养状况、可视黏膜、体表皮肤、尸体变化等内容进行详细的了解观察。这也是帮助诊断的一部分重要资料。

3. 剖检方法和步骤

（1）*剥皮* 从下颌处切开皮肤，沿腹中线再向后切，绕开乳房和外生殖器一直切至肛门；从腹中线开始，沿四肢内侧正中线切开皮肤到球节，在球节处做环形切割（在此过程中尸体可暂取仰卧姿势），将皮肤充分或完全剥离（有些情况下不用剥皮）。

切断所有连接肩胛骨的肌肉,去掉右前肢。

切断髋关节周围的联系,去掉右后肢。

(2)腹腔各器官的采出和检查 先去掉乳房或公牛的外生殖器。从右肷窝开始,沿肋弓切开腹壁组织至剑状软骨;再从右肷窝开始,切开腹壁组织至耻骨前缘。打开腹腔后,要注意检查腹腔液的性状和数量、腹膜状态以及腹腔器官的形态和位置。

为了进一步检查腹腔器官,可将腹腔内器官采出,然后再仔细检查。

提起大网膜,切离其与十二指肠、皱胃大弯和瘤胃的联系,取出大网膜,这样才会使肠充分暴露出来。

在回肠末端,距回盲口约 15 厘米处,做双重结扎,从中间切断;在十二指肠的末端做双重结扎,从中间切断,取出空肠和回肠,并进行仔细检查。

将直肠后端的粪便向后挤推,做双重结扎,从中间切断,再分离肠系膜,取出整个大肠,进行仔细检查。

切断胆管、胰管与十二指肠的联系,并分离,向后牵拉胃,露出食管,在膈肌后面对食管进行双重结扎,从中间切断,并分离胃与腹腔的联系,取出胃、十二指肠和脾,并进行检查。

(3)胸腔各器官的采出和检查 锯断或砍断右侧肋骨与胸骨、胸椎的联系,则胸腔器官暴露。对胸腔液、器官形态等先进行检查。然后采出心脏、肺脏进行仔细检查。

(4)盆腔器官的采出和检查 锯断或砍断髂骨体、耻骨与坐骨和髂骨的联系,打开盆腔;分离直肠与盆腔的联系,将阴门、肛门做圆形切开。取出盆腔器官进行仔细检查。

最后,还要对头部组织进行检查。

(十二)年龄的鉴定

奶牛的年龄与生产性能、机体健康状况以及疾病发生有密切的关系。奶牛一般在3～8岁时为产奶量最高的时期，以后随着年龄的增长产奶量会逐渐下降，体质也会下降，相应的发病率也会增加。另外，犊牛期也是发病率较高的一个时期。根据奶牛门齿的发生、脱换和磨损变化来鉴定奶牛的年龄，是奶牛生产中较常用又较准确的一种鉴定方法。

奶牛牙齿的生长有一定的规律性。在5岁前可用牙齿对换的对数加1来计算其年龄，即换1对牙是2岁，换2对牙是3岁，换3对牙是4岁，齐口时为5岁。5岁以后，主要看牙齿的磨损情况和牙齿的结构。开始磨损时先把齿边磨平，然后看齿面的变化，最初呈方形或横卵圆形，以后随磨损时间而加深。如6岁时齿面呈方形；7岁时呈三角形；8岁时呈四边形；10岁时呈圆形，出现齿星；12岁时圆形变小；13岁时呈纵卵圆形。

此年龄鉴定法虽然比较准确，但仍是估计的结果。由于牙齿的生长、脱换、磨损受许多因素的影响，所以其鉴定结果与实际年龄是有一定差别的。

三、奶牛分娩过程中产道检查与难产预兆观察

在奶牛分娩过程中，把握难产检查时机、适时科学助产、减少生殖器官感染（损伤）、防止犊牛窒息，是奶牛分娩管理的重要工作内容。在奶牛分娩过程中，如果过早进行不必要的产道检查，不仅会影响正常的分娩过程，还可导致难产率升高，也会增加母牛产道感染的机会；如果产道检查不及时，又会危及犊牛和母牛本身的生命安全和生产性能。

通过观察奶牛分娩过程中的行为表现或肢体语言，明确难产预兆，准确把握难产检查或助产时机，对提高奶牛生产效益、保护奶牛繁殖性能具有十分重要的现实意义。

(一)分娩过程与分娩行为表现

奶牛分娩过程是指从子宫开始出现阵缩到胎衣完全排出的过程。为了描述方便,人为地将其分成3个连续的时期,即子宫开口期、胎儿产出期和胎衣排出期。

1. 子宫开口期　也叫子宫颈开张期,是指从子宫开始阵缩(子宫节律性收缩)到子宫颈充分张开为止这一时期。阵缩是分娩开始的标志,奶牛结束妊娠、启动分娩、开始阵缩时,会表现食欲减少或不食、轻度不安,再对照预产期,这时就可确定为奶牛分娩开始。大多数情况下我们会将待产牛的尾巴系于颈部,并用消毒液对其后躯进行清洗、消毒,然后将母牛转入待产间或产房的运动场让其自然分娩,并进行分娩观察。

这时我们会观察到,由于子宫阵缩可引起母牛腹痛和不安,从而表现不食、哞叫、躁动不安、尾根抬起等行为表现。在经历较短时间的不安后,大多数分娩母牛会寻找一处安静的地方,独自低头呆立,若有所思,这是对阵缩所造成的腹痛耐受性进一步升高的结果。

在这一阶段,通过子宫阵缩,要达到使子宫颈口完全开张的目的。另外,开口期子宫的阵缩对胎儿的胎位、胎势还有一定的微调作用。在开口期没有努责,所以我们观察不到奶牛腹壁因努责而出现的大幅度起伏。

对奶牛而言,完成这一阶段需要2～8小时。当然个体间也有一定差异,一般初产牛表现明显、时间较长,经产牛表现相对要弱一些、持续时间要短一些。

在这一阶段进行产道检查是完全没有必要的,如果进行产道检查其结果只会干扰母牛正常分娩,增加生殖道感染的几率,人为提高难产率。

2. 胎儿产出期　是从子宫颈口充分张开,胎囊及胎儿的前置部分进入阴道，到胎儿排出为止的这一时期。努责出现是产出期开始的标志性征兆，也是胎囊或胎儿进入阴道的标志。当胎囊及胎儿的前置部分进入阴道后，阴道壁上的神经感受器会将这一信息及时反馈给中枢神经系统，从而腹肌和膈肌开始收缩（努责），阵缩加强，以达到加速分娩的目的。

阵缩的加强和努责的出现，进一步加重了腹痛。这时母牛会极度不安，来回走动，时起时卧，前蹄刨地，个别的后蹄踢腹，回顾腹部，拱背努责。随后，大多数母牛会选择半侧卧姿势努责，进行分娩，因为卧地分娩可加大母牛努责的力量，也有利于骨盆的开张。

随着努责和分娩过程的继续进行，当胎儿头部通过骨盆腔出口时，大多数分娩牛会侧卧于地，四肢伸直，强烈努责，此时母牛会表现出极度不安，甚至会出现四肢或肌肉颤抖、眼球震颤等表现，这是母牛分娩过程中表现最为痛苦的时刻，预示着此时胎头的最宽处正在经过骨盆腔的狭窄部。经过强烈的侧卧努责，当胎头或后躯的最宽部通过骨盆腔的最狭窄部后，大多数母牛会站立起来，休息片刻，然后继续卧下（半侧卧）努责，直到最后完成分娩。强烈侧卧努责后的起立、片刻休息，以及随后相对安静的半侧卧努责的分娩行为告诉我们，母牛分娩最困难的时期已经过去。

对奶牛而言，从子宫颈口完全开张到产出胎儿，一般需要 3～4 小时的时间。在产出期中，人为的干扰会造成产力衰竭，当然也会增加生殖道感染几率，造成人为难产。

从开始启动分娩到产出胎儿，一般需要 5～12 小时。一般来说，初产牛所用的时间要长一些，表现也要强一些。

3. 胎衣排出期 从胎儿排出到胎衣排出这段时间就是胎衣排出期。胎儿排出后母牛安静下来，努责消失，子宫也会作几分钟的短暂休息。然后子宫又会开始阵缩（有些分娩牛在这一时期还伴有轻度的努责），以便将胎衣在一定时间内排出体外。此过程与难产检查等内容无直接关系，所以在此不做赘述。

(二)分娩过程中不宜进行产道检查的几种情况

分娩是牛的一个正常生理过程，需要充足的时间作保证，这个生理过程包括子宫开口期(2～8 小时)和胎儿产出期(3～4 小时)。在奶牛的分娩过程中过早地进行产道检查，会增加生殖系统的感染机会，增加了兽医的无谓劳动，还会人为地使难产率升高。但如果延误了检查时机，又会给母牛和胎儿的生命安全带来危险。所以，分娩过程中产道检查必须掌握适宜的时机，而分娩行为表现则是我们确定是否进行难产处理的主要依据。分娩过程中的产道检查并非越早越好，时机恰当十分重要。以下 3 种情况应避免进行产道检查。

第一，分娩开始后 5 小时内胎儿尚未产出，不必进行产道检查。

第二，分娩过程中，母牛的行为表现和正常行为表现相一致，不必进行产道检查。

第三，头水(尿水)破后不足 1 小时，不宜做产道检查。

(三)分娩过程中预示难产的征兆

当分娩牛出现难产征兆时就必须进行产道检查，并根据情况采取相应的助产措施，这样才能达到确保母体健康，保证母体繁殖性能不受影响，挽救胎儿生命的目的。分娩中的难产征兆包括：分娩时间过长，如分娩超过 8 小时，胎儿仍未露出阴门；分娩过程行为表现异常；努责微弱或停止；头水流出 1 小时仍未产出胎儿；阴门外只露出胎儿 1 条腿；阴门外露出的 2 条腿明显一长一短；阴门外露出的 2 条腿掌心朝向相反；较长时间在阴道外只能看见两前肢而不见胎儿的嘴和头；只看见胎儿的嘴或头而看不见前蹄；胎水异常，如胎水腐败等；阴门外露出 3 条腿；胎位异常。出现上述情况中的任何一种情况时，必须立刻进行产道检查，以便确定具体情况，进行相应的治疗处理，否则会贻误产道检查和助产的时机。

保证母子双全和母体繁殖功能健康，是奶牛分娩检查和助产过程中同等重要的两个目标。忽视母体繁殖功能所造成的损失，大于胎儿死亡所造成的损失；忽视母体繁殖性能，单纯注重母子安全的指导思想是一种浅薄而缺乏远见的思维方式。

在长期的生物进化过程中，自然繁育能力是动物生存和延续种群的基本保障，奶牛也是如此，难产是奶牛生产中的个别事件。在正常的饲养管理条件下，绝大多数奶牛具有正常分娩的能力，过早助产、错误的人为干预奶牛分娩过程的做法是不可取的。观察、了解奶牛分娩过程中的行为表现或肢体语言，明确难产预兆，准确把握难产检查或助产时机，对提高奶牛生产效益、保护奶牛繁殖性能有十分重要的现实意义。

四、难产过程中胎儿死活的判定方法

（一）正生时的判定方法

第一，术者将一手指伸入胎儿口中，感觉胎儿有无吮吸反射，如果有吮吸反射，则说明胎儿尚活。

第二，术者用手牵拉或捏掐胎儿的舌头，感觉有无反应，如有反应则说明胎儿尚活。

第三，术者用手指轻按胎儿眼球，感觉有无反应，如有反应则说明胎儿尚活。

（二）倒生时的判定方法

第一，术者可将一手指插入胎儿的肛门中，感觉有无肛门抽缩反射，如果有则说明胎儿尚活。

第二,术者还可通过触摸股动脉和脐动脉的方式来判断胎儿的死活。

另外,如果发现胎水中有胎粪(胎水色黄),则说明胎儿活力差,要抓紧时间助产,产出后要做好救助准备;如果发现胎水中有较多脱落的被毛、胎儿皮下水肿或有捻发音,则说明胎儿已死亡。

思考题

1. 牛病观察应注意哪些方面的内容?
2. 奶牛的分娩过程可分为哪几个阶段?
3. 奶牛难产过程中,判定胎儿死活的方法有哪些?
4. 分娩过程中预示难产的征兆有哪些?
5. 哪些情况下,在奶牛分娩过程中不宜进行产道检查?

第七章　一般治疗技术

奶牛防疫员的工作内容之一是在兽医出示处方后进行具体治疗工作。要胜任这一岗位工作就必须熟练掌握基本的临床治疗技术。

一、基本保定技术

保定就是用人为的方法来控制奶牛的活动，其目的是为了保护人、牛安全，便于诊治工作顺利进行。

对奶牛进行保定时要根据个体种类、神经类型和诊疗目的采用不同的方法。

(一)头部保定

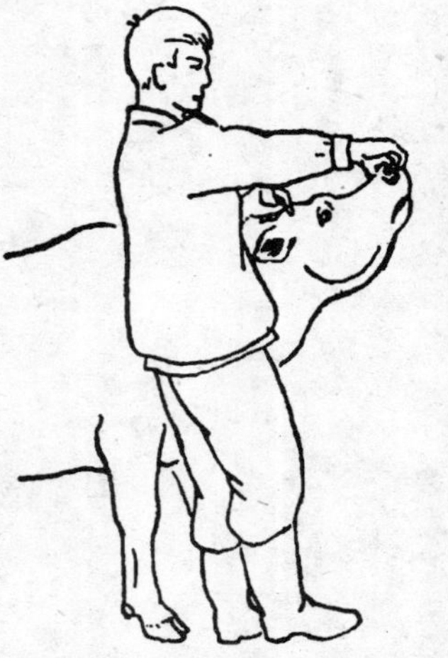

图 7-1　抓握鼻中隔保定法示意

对于奶牛来说，保定头部简单而有效的方法就是抓握鼻中隔法。紧紧地抓握鼻中隔可以使奶牛感觉疼痛而不敢乱动。其具体保定方法见图 7-1，图 7-2，图 7-3。

另外，也可使用五柱栏保定法。柱栏的形式多种多样，可以是用钢管制成的，也可以是用木料制成的。在五柱栏保定的情况下，可完成许多诊疗内容，还可以进行许多手术(图 7-4)。

在许多奶牛饲养车间，奶牛采

食时的槽位定位是用颈枷来完成的。用颈枷将奶牛定位后，用缰绳将牛头拉向一侧并拴系确实即为颈枷保定法。这也是在饲养车间槽位上进行头部保定的常用办法，如输液、灌药等工作都可以通过这种保定方法来完成。

图 7-2　一手抓鼻中隔、一手抓尾保定法示意

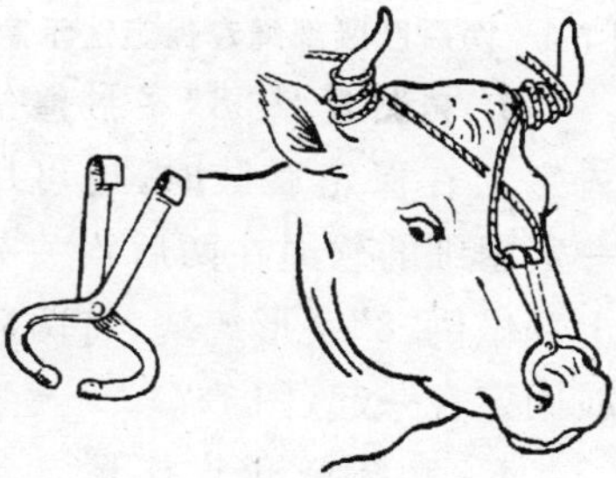

图 7-3　牛鼻钳保定法示意

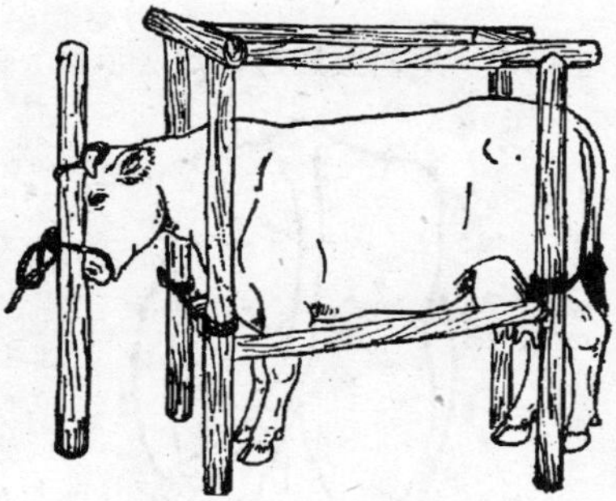

图 7-4　五柱栏保定法示意

(二)肢体保定

1. 尾向上翘起保定

检查乳房或后躯时，防止牛踢的方法有多种，其中一种最简单的防踢保定方法是由助手将尾向上翘起(图 7-5)，再配合头部保定，也是一种很简单实用的保定方法。

2. 两后肢胫部绳套保定　为了防止牛踢或骚动，可将两后肢固定，用一条指头粗的软绳从中间折起来，先在一后肢胫部固定，然后再将另一后肢的胫部拴在一起(图 7-6)。

图 7-5　尾向上翘起保定法示意

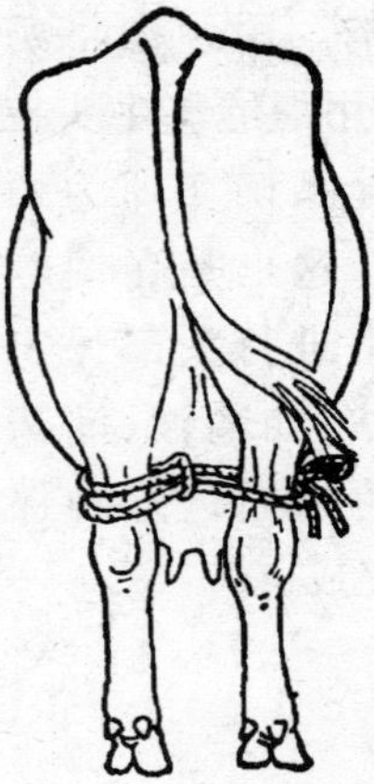

图 7-6　两后肢胫部绳套保定法示意

3. 两后肢倒“8”字形缠绕固定　在保定后肢时,也可用一定粗细的软绳在两后跗关节上部做倒“8”字形缠绕,将两后肢固定在一起(图 7-7)。

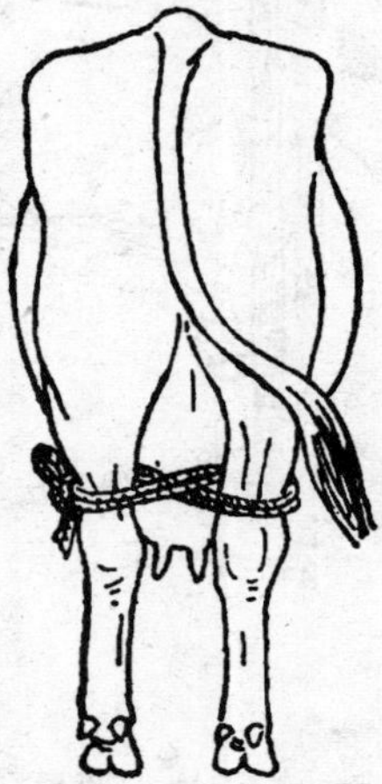

图 7-7　两后肢倒“8”字形缠绕固定保定法示意

4. 前肢前方转位保定　将奶牛牵入柱栏内,绳的一端绑在牛的前肢系部,绳的游离端从前柱由外向内绕过保定架的横梁,向下兜住牛的掌部,收紧绳索,把前肢拉到前柱的外侧。再将绳的游离端绕过牛的掌部,与立柱一起缠绕两圈,则提起的前肢被牢固地固定于前柱之上(图 7-8)。

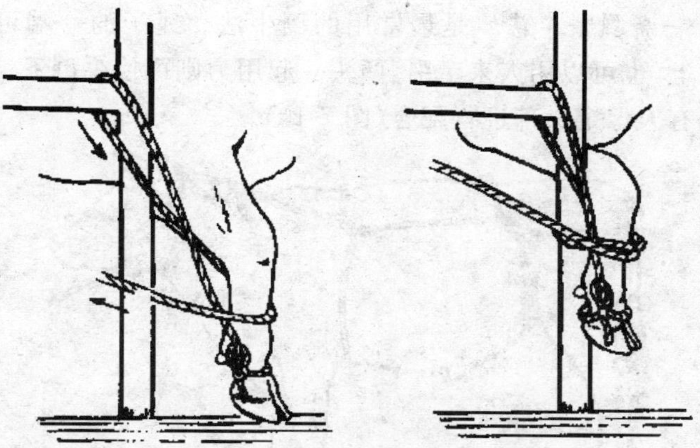

图 7-8　前肢前方转位保定法示意

5. 后肢后方转位保定　将牛拉入柱栏内，绳的一端绑在牛的后肢系部，绳的游离端从后肢的外侧面，由外向内绕过横梁，再从后柱外侧兜住后肢跖部，用力收紧绳索，使跖背侧面靠近后柱，在跖部与后柱多缠绕几圈，则后肢被固定在后柱上(图 7-9)。

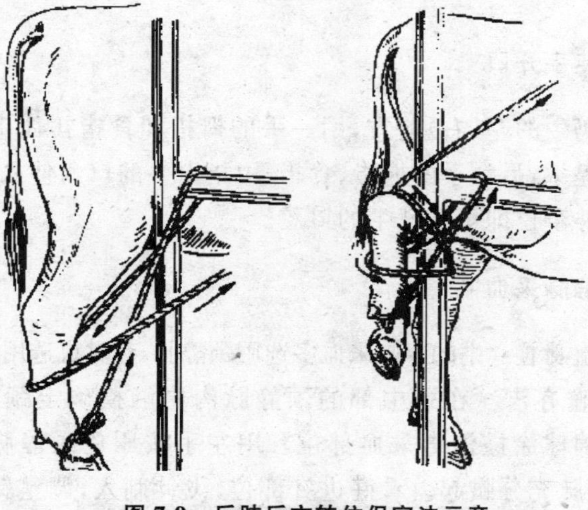

图 7-9　后肢后方转位保定法示意

6. 一条绳倒牛法　是最常用的倒牛法。绳子的一端可以系在牛角上，也可以用人来牵引，两头一起用力则可使牛倒下。倒牛时最好有人保定头部进行配合（图 7-10）。

图 7-10　一条绳倒牛法示意

二、基本治疗处理技术

（一）徒手开口

站于奶牛的左（右）前方，用一手的拇指和食指扣住牛的鼻中隔并向上提举，另一手的拇指、食指、中指由牛的口角伸入口内，抓住舌头向外牵拉即可打开牛的口腔。

（二）静脉采血

1. 采血部位　牛的静脉采血多选用颈静脉，有时也选用尾静脉。

2. 采血方法　在颈中部的颈静脉沟中触摸确定颈静脉，用70％乙醇棉球涂搽消毒采血部位。用左手按压住颈静脉的近心端，使颈静脉充分臌起。看好进针部位，飞针刺入，调整针头深浅使血液顺畅流出。收集静脉血于特定的试管或容器中，去除近心端的按压力量，拔出采血针头，用乙醇棉球按压消毒进针点。

(三)皮下注射

1. 适用药物　无刺激性或刺激性较小的药物。

2. 部位　多在颈侧部或肩胛部进行。

3. 注射方法　注射部位用70%乙醇棉球消毒。用左手拇指和食指捏起皮肤，使成皱褶。右手持针斜向将针头刺入，缓缓注入药液。注液结束后将针头拔出，用乙醇棉球按压消毒。

(四)肌内注射

1. 适用药物　刺激性较强或较难吸收的药物。

2. 部位　多于臀部或颈部进行。

3. 注射方法　注射部位用70%乙醇棉球消毒。飞针刺入，固定或连接好注射器。回抽，确认未在血管内。缓缓注入药液。拔出针头，用乙醇棉球按压消毒。

(五)静脉输液

1. 适用药物　刺激性强、不宜做皮下或肌内注射的药物，或大剂量药物。

2. 部位　一般在颈静脉(图7-11)进行，个别情况下也可选择乳静脉。

3. 注射方法　剪毛(也可不剪毛)，用70%乙醇棉球消毒，按压或系扎静脉近心端，使颈静脉臌起。飞针刺入，见血液流出时顺针。去掉血管近心端的按压或系扎，连接好输液器，再次回血验证。输液结束后，术部用乙醇棉球按压消毒。

(六)腹腔注射

1. 适用情况　多在静脉输液有困难或进行腹腔封闭治疗时

图 7-11　静脉输液示意

选用。

2. 部位　一般选择右肷部为腹腔注射的部位。

3. 注射方法　注射部位剪毛消毒，用 5%碘酊棉球消毒后再用 70%乙醇棉球脱碘。刺入针头，连接好输液器，保证畅通，并确认不在内脏器官内。输液结束后，用 5%碘酊棉球按压消毒。输入的药液应温热，不能太凉。

(七)口服灌药

奶牛口服灌药(图 7-12)也是临床上常用的一种治疗方法，尤其适用于灌服一些中草药药物时。

图 7-12　口服灌药示意

1. 方法　充分保定好牛的头部，并抬到一定高度。可将药物装在专用的灌药瓶进行灌服，也可用专用的灌角进行灌服。

2. 注意事项　灌药过程中不要太急，等牛咽下口中所灌的药物后再一口一口灌服，防止由于灌服过急而导致异物性肺炎发生。

（八）胃管投药

奶牛的胃管投药可通过鼻孔和口腔两个途径来完成，在此所介绍的是通过鼻孔的胃管投药法。

1. 基本步骤　第一步，清洗、检查胃管，插入端涂上液状石蜡或水；第二步，用牛鼻钳或徒手抓住牛鼻中隔，充分保定头部；第三步，从一侧鼻孔将胃管缓缓插入鼻腔，借助牛的吞咽动作将胃管送入食管内，并送入足够的深度；第四步，准确判断胃管确实在胃或食管内；第五步，灌入药液；第六步，灌药结束时，将胃管内的残留药物吹入胃内；第七步，捏住胃管一端，将胃管缓缓抽出。

2. 判定胃管在消化道内的几种方法　第一，观察牛的反应，如果牛反应剧烈，则可能在气管内；第二，听胃管中的气流，可用耳听，也可将胃管的外端插入水中观察，如有气泡，说明插进了气管，要重新插；第三，如果胃管插入食管或胃中，则会闻到酸鼻的胃内食物气味；第四，吹气，观察颈部变化。

（九）灌肠术

1. 适用情况　一般适用于便秘和直肠炎症的冲洗。

2. 方法与步骤　第一步，站立保定；第二步，胶管一端涂上肥皂液；第三步，术者一手固定尾巴，一手将胶管一端缓缓插入牛的肛门内；第四步，连接漏斗，将药液灌入；第五步，灌完后稍停，然后取出胶管。

(十)子宫漏斗送药

1. 适用情况 主要适用于胎衣不下和子宫炎症时的子宫内用药。

2. 方法与步骤 第一步,固定尾巴,清洗、消毒外阴周围;第二步,对术者手臂和送药胶管进行清洗消毒;第三步,用直肠把握法或直接将胶管插入子宫内;第四步,连接上漏斗并举到一定高度,缓缓将药物灌入;第五步,取出送药胶管。

(十一)乳房内注药

1. 适用情况 用于治疗和干奶期预防乳房炎。

2. 灌注量 每个乳区一般灌注量为10～100毫升。

3. 方法与步骤 第一步,挤净乳房中的乳汁;第二步,用70%乙醇棉球擦拭乳头孔和奶针;第三步,插入奶针或一次性乳房专用注射器;第四步,缓慢注入药物;第五步,拔出注药器具,用乙醇棉球擦拭乳头孔。注药每日进行2次,每次均在挤完奶后进行。

(十二)牛胃取铁和磁笼投放

定期对牛网胃中的铁(铁钉、铁丝等)进行吸取,是预防牛创伤性网胃炎或创伤性心包炎的一项重要措施。奶牛个体价值较高,一旦因食入铁质异物导致创伤性心包炎,其治愈率较低,多数奶牛会因此发生死亡或丧失经济价值。所以,牛胃取铁技术和胃内投放磁笼在本病的防治上具有重要的实用价值。

对于个体农户饲养的奶牛而言,应每年取铁2次;对于新购入的奶牛,必须在购入后1周内取铁1次。对于大型的奶牛场而言,由于草料加工条件较好,是否定期对牛进行取铁,应根据具体情况而定。

1. 取铁前的准备工作 对奶牛进行取铁最好在采食前进行。

将牛保定在柱栏或牛舍的饲喂栏中，充分保定好头部，然后灌服2～4升饮用水。

2. 取铁的方法　第一，将管筒状开口器插入口腔，并固定好开口器；第二，把取铁器充分送入牛胃内；第三，把取铁器的钢丝绳固定在牛口腔外，让取铁器在牛胃内停留至少30分钟。取出取铁器，清除取铁器上吸附的铁质异物。

3. 磁笼投放　磁笼（图7-13）投放最好选择空腹时进行，保定方法与取铁技术相同。然后打开牛口腔，固定好开口器，借助磁笼投放杆将磁笼投入到牛胃中。

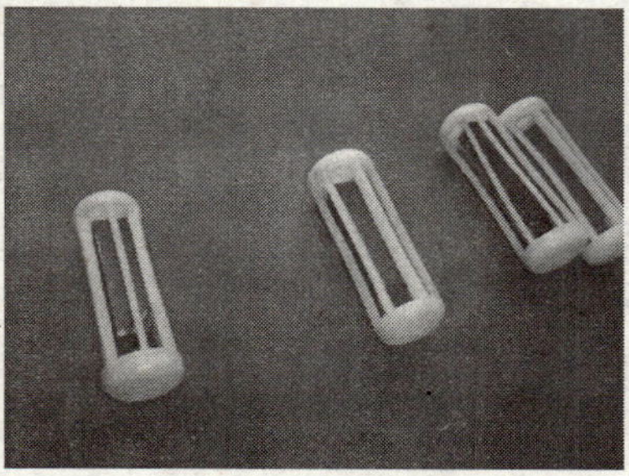

图7-13　磁　笼

（十三）瘤胃穿刺术

1. 目的　主要用于治疗牛的急性瘤胃臌气。

2. 部位　左肷窝三角形中心的稍上方（图7-14）。

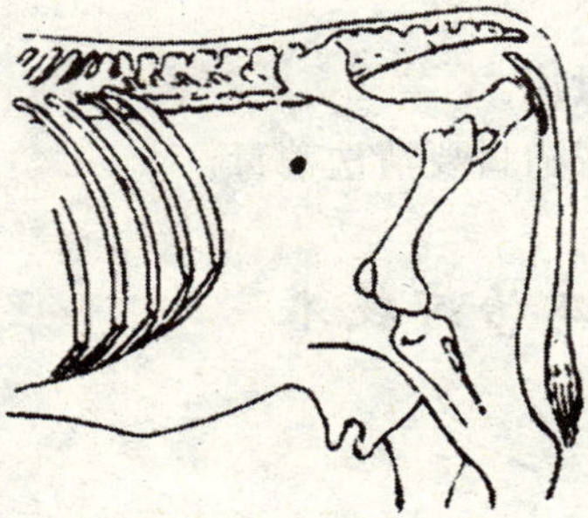

图7-14　牛瘤胃穿刺部位

（黑点所示）

3. 方法　病牛取站立保定，剪毛、5%碘酊棉球消毒，70%乙醇棉球脱碘。垂直或向右侧肘头方向迅速刺入，固定穿刺针或套管，抽出针芯。放气结束拔出放气针前要插入针芯，慢慢拔出。针孔用5%碘酊棉球消毒。

（十四）导尿与膀胱冲洗

1. 适用情况　用于尿道炎和膀胱炎的治疗，或采取尿液供化验诊断。

2. 器材 导尿或冲洗膀胱前，将导尿管放在0.1%苯扎溴铵溶液中进行浸泡消毒，用前导尿管前端蘸液状石蜡。

冲洗药液宜选择刺激性或腐蚀性小的消毒收敛剂。常用的有生理盐水、2%硼酸溶液、0.1%苯扎溴铵溶液、0.2%利凡诺溶液等。此外，也常用抗生素或磺胺制剂的溶液。

备好注射器与洗涤器。

3. 方法 助手将牛尾拉向一侧或吊起。术者将导尿管握于掌心，前端与食指同长，呈圆锥形伸入阴道15～20厘米。先用手指触摸尿道口，轻轻给予刺激待尿道口扩张后，插入导尿管，徐徐推进，当进入膀胱后，则尿液自然流出。排完尿液后，导尿管外端连接洗涤器或注射器，注入冲洗药液，反复冲洗，直至排出的药液透明为止。

导尿或冲洗完毕之后，还可注入治疗药液，然后除去导尿管。

4. 注意事项

第一，当识别母牛尿道口有困难时，可用开膣器开张阴道，即可看到尿道口。

第二，插入导尿管时，防止粗暴操作，以免损伤尿道黏膜或造成膀胱壁穿孔。

第三，冲洗药液应该温热，不要过凉。

第四，术者手、病牛的外阴部和尿道口要清洗消毒。

三、外科、产科基本治疗技术

(一)外科基本治疗技术

1. 全身麻醉 牛能在站立保定和施行局部麻醉的情况下进行多种手术(包括瘤胃切开等大手术)，需要全身麻醉的手术，也可在中度或浅度麻醉情况下，配合局部麻醉进行。

牛在全身麻醉时，因其解剖、生理上的特点，有其不利的一面。如牛的肺活量小，腹腔中又有特大的瘤胃，在倒卧时腹压增大，容易压迫膈，造成呼吸困难，这就进一步加重了麻醉时的呼吸功能障碍。此外，多数的全身麻醉药都能引起牛的大量流涎，加上深麻醉时，贲门括约肌松弛可使瘤胃液状内容物从口、鼻涌出，有造成吸入性肺炎的危险。全身麻醉时胃肠运动功能受抑制，如果长时间倒卧保定，大量发酵的瘤胃内容物容易引起臌气。所有这些因素都是我们在进行牛全身麻醉时应该注意的问题。为了克服这些不利因素，施行全身麻醉的牛术前应禁食 24 小时；为了减少唾液腺和支气管腺体的分泌，常采用小剂量(0.4 毫克/千克体重)的阿托品作为麻醉前用药；为了预防瘤胃臌气，可在麻醉前 30 分钟灌服食醋 0.5～1 升或适量的鱼石脂乙醇溶液。全身麻醉常用药物及其用法、用量如下。

(1)846 合剂麻醉　846 合剂又叫速眠新。是由高效镇痛药(盐酸二氢埃托啡)、强安静、肌松药(保定宁)和氟哌啶醇科学组合而制成的一种麻醉药。本药对牛而言使用简单、剂量小、安全性高。

按 0.6～1 毫升/100 千克体重肌内注射，5～10 分钟奶牛即平稳进入麻醉状态，可持续 40～80 分钟；剂量增至 4 毫升/100 千克体重时，除麻醉时间延长外，也无不良反应。

(2)静松灵麻醉　静松灵的主要成分是二甲苯胺噻唑，此麻醉药是广泛用于牛等多种动物的一种镇静和肌肉松弛麻醉剂。

使用剂量因品种和个体差异而稍有不同，一般是 0.2～0.4 毫克/千克体重，肌内注射，注射后 20 分钟内出现镇静和麻醉现象。主要呈现精神沉郁、活动减少、头颈下垂、眼半闭、流涎，大多数牛站立不稳、卧地、嗜睡、肌肉松弛、反射降低，但意识不完全消失，一般可维持 60～120 分钟。

用药量过大，可出现一定程度的毒性反应。如按 0.6 毫克/千克体重以上剂量使用,则出现呼吸困难、心跳减弱、腹部臌胀等不良反应,但一般不会造成严重后果,2 小时后一般可恢复正常。

另外,水合氯醛乙醇注射液对牛来说也是一种很好的全身麻醉药。

2. 局部麻醉 这种麻醉具有许多优点,因而得到广泛应用。局部麻醉对全身生理状况干扰轻微,麻醉并发症和后遗症少,所以是一种比较安全的麻醉方法。此外,局部麻醉的设备简单,操作方便,费用经济,可用于全身各部位的许多手术。对牛来说,许多手术(如剖宫产、皱胃变位整复术、瘤胃切开术等)都可在局部麻醉下进行。

但是,在局部麻醉下,奶牛仍保持神志清醒,因此手术时应特别注意保定,或在必要时配合应用镇静剂和肌肉松弛剂。某些局部麻醉方法,要求熟悉局部解剖知识和熟练的操作技术,否则不易收到确实的麻醉效果。

(1)*局部麻醉药* 使用局部麻醉药时应了解它们的药理性能,如该药的组织渗透性、作用显效时间、作用维持时间和毒性等。这样,便于我们根据不同情况选用不同的麻醉药。表面麻醉要用渗透性好的药物;局部浸润麻醉用药量较大,宜用毒性低的药物,并配成最低有效浓度;传导麻醉应选用渗透性好、显效快、作用时间长的药物等。一般说来,同一种局部麻醉药,其浓度越高,则渗透性越强,显效越快,作用时间越长,但毒性也越高。

此外,不同的神经纤维对局部麻醉药也有不同的敏感性。由于各种神经纤维的粗细、分布的深浅以及有无髓鞘等不同的原因,往往也出现不同的麻醉效果。例如,感觉神经纤维最细,多分布在神经干的表面,大多无髓鞘,因此最先受药液影响而麻痹,感觉中痛觉首先消失,温觉、触觉次之;而交感神经往往在感觉神经麻痹后才受影响;运动神经纤维较粗,分布在神经干深部,而且多有髓鞘,故受影响最迟,但最后也可被麻痹。

局部麻醉药品种很多，临床上常用的有盐酸普鲁卡因和盐酸利多卡因两种。

①盐酸普鲁卡因：也叫奴佛卡因。本品注入组织1～3分钟后即可出现麻醉作用。但药物易被各种组织中的酯酶水解而作用消失，所以作用时间较短，一次量可维持0.5～1小时。此外，因本品穿透黏膜能力很弱，故不宜用于表面麻醉。临床上最多用作浸润麻醉剂，使用药液浓度为0.5%～1%，传导麻醉一般采用2%～5%溶液，脊髓麻醉用2%～3%溶液，关节内麻醉可用4%～5%溶液。

为了延长局部麻醉作用时间，减少出血量并降低因吸收药物过多、过速而引起中毒的可能，在临床应用上常在本品溶液中按每250～500毫升量加入0.1毫升0.1%肾上腺素溶液。

盐酸普鲁卡因毒性较小，在外科临床很少见到中毒反应。但用量过大也可引起中毒。中毒时一般症状轻微，短时间内能自行耐过，一般无须特殊处理。严重者表现兴奋、狂躁、呼吸困难、脉搏增数、大出汗，甚至惊厥，后期由兴奋转为抑制，最后因呼吸麻痹而死亡。奶牛使用盐酸普鲁卡因时，其总剂量最好不要超过2克。

本品可煮沸灭菌，但不耐高压蒸汽灭菌，遇碱类、氧化剂能分解，遇酸性盐降低药效。

②盐酸利多卡因：本品局部麻醉强度和毒性在1%浓度以下时，与盐酸普鲁卡因相似；但在2%浓度以上时，局部麻醉强度可增强至2倍，并有较强的穿透扩散性，作用出现时间快、能持久，1次给药量可维持1小时以上。本品的毒性较盐酸普鲁卡因稍大。

用作表面麻醉时溶液浓度需提高至2%～5%，传导麻醉为2%溶液，浸润麻醉为0.25%～0.5%溶液，硬膜外腔麻醉为2%溶液。本品溶液性质稳定。

(2)局部麻醉方法

①表面麻醉：利用麻醉药的渗透作用，使其透过黏膜而阻滞浅

在神经末梢,称为表面麻醉。麻醉结膜和角膜时,可用0.2%盐酸利多卡因溶液,麻醉鼻、口、直肠黏膜可用1%～4%盐酸利多卡因溶液。每隔5分钟用药1次,共用2～3次。眼部用药时将药液滴入结膜囊,其他部位用药时可将药液涂布、填塞或喷雾于术部。

②局部浸润麻醉:沿手术切口线皮下注射或深部分层注射麻醉药,阻滞神经末梢,称为局部浸润麻醉。常用麻醉剂为0.25%～1%盐酸普鲁卡因溶液。为了防止将麻醉药直接注入血管中产生毒性反应,应该在每次注药前回抽注射器。一般是先将针头插至所需深度,然后边注药边退针。有时在1个刺入点可向相反方向注射2次药液。局部浸润麻醉的方式有多种,如直线浸润、菱形浸润、扇形浸润、基部浸润和分层浸润等(图7-15),可根据手术需要

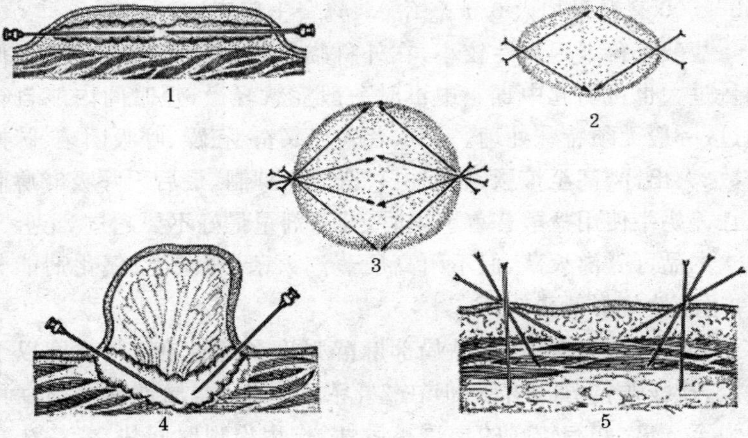

图7-15 浸润麻醉方法示意

1. 直线浸润 2. 菱形浸润 3. 扇形浸润 4. 基部浸润 5. 分层浸润

选用。为了保证深层组织麻醉作用完全,也为了减少单位时间内组织中麻醉药液的过多积聚和吸收,可采用逐层浸润麻醉法。即用低浓度(0.25%)和较大量的麻醉药液浸润一层,随即切开一层的方法将组织逐层切开。由于这种麻醉药药液浓度很小,部分药

液随切口流出或在手术过程中被纱布吸走，故使用较大剂量药液也不易引起中毒。

③传导麻醉：在神经干周围注射局部麻醉药，使其所支配的区域失去痛觉，称为传导麻醉。其优点是使用少量麻醉药产生较大区域的麻醉。传导麻醉使用的药液为 2%盐酸利多卡因或2%～5%盐酸普鲁卡因溶液，但其浓度和用量常与所麻醉神经的大小成正比。传导麻醉的种类很多，要求掌握神经干的位置、外部投影等局部解剖知识和熟练的操作技术，才能正确做好传导麻醉。较常用的传导麻醉方法有腰旁神经干传导麻醉等。

④脊髓麻醉：将局部麻醉药注射到椎管内，阻滞脊神经的传导，使其所支配的区域无痛，称为脊髓麻醉。根据局部麻醉药注入椎管内的部位不同，又可分为硬膜外腔麻醉和蛛网膜下腔麻醉两种。在奶牛兽医临床上常选用硬膜外腔麻醉，如腰荐间隙硬膜外腔麻醉和第一、第二尾椎间隙硬膜外腔麻醉等。

3. 组织切开　手术时，打开手术通路，充分显露手术视野，是保证手术顺利进行的先决条件。对深部手术更为重要。在良好的显露下做手术，可以清楚看到术区的解剖结构，不但容易操作，而且保证安全。良好的显露手术视野，取决于多方面的因素。选择适宜的麻醉方法，使其肌肉松弛，有利于伤口拉开；选择适宜的保定体位，有利于手术视野显露。因此，手术时根据切口、手术性质和操作需要，选择理想的保定方法，才能充分显露手术视野。

组织切开是显露手术视野的重要步骤。浅表部位手术，切口可直接位于病变部位上或其附近。深部切口，根据局部解剖特点，既要有利于显露术部视野，又不能造成过多的组织损伤。适宜的切口应符合下列要求：①切口须接近病变部位，最好能直接到达手术区，并能根据手术需要，便于延长扩大。②切口在体侧、颈侧以垂直于地面或斜行的切口为好，在体背、颈背和腹下以沿体正中线或靠近正中线的矢状线的纵行切口比较合理。③切口要避免横断或损伤大血管、神经干和腺体输出管，以免影响术部组织或器官的功能。④切口应有利于创液的排出，特别是脓液的排出。⑤二次手术时，应该避免在瘢痕上切开，因为瘢痕组织再生能力弱，易发生弥漫性出血。

按上述原则选择切口后，在操作上需要注意下列问题：①切口大小必须适当。切口过小，不能充分显露；做不必要的大切口，会损伤过多组织。②切开时，须按解剖层次分层进行，并注意保持切口从外到内的大小相同。切口两侧要用无菌创巾覆盖、固定，以免操作过程中把皮肤表面的细菌带入切口，造成污染。③切开组织必须整齐，力求一次切开。手术刀与皮肤、肌肉垂直，防止斜切或多次在同一平面上切割，造成不必要的组织损伤。④切开深部筋膜时，为了预防深层血管和神经的损伤，可先切一小口，用止血钳分离、张开，然后再剪开。⑤切开肌肉时，要沿肌纤维方向用刀柄或手指分离，少做切断，以减少损伤，影响愈合。⑥切开腹膜、胸膜时，要防止内脏损伤。⑦切割骨组织时，先要切割分离骨膜，尽可能地保存其健康部分，以利于骨组织愈合。

4. 常用止血方法 止血是手术过程中或外伤处理过程中经常遇到而又必须立即处理的基本操作技术。手术中完善的止血，可以预防失血的危险和保证术部良好的显露，有利于争取手术时间，避免误伤重要器官，直接关系到施术奶牛的健康、切口的愈合和预防并发症的发生等。因此，要求手术中的止血必须迅速而可靠，并在手术前采取积极有效的预防性止血措施，以减少手术中的出血。

(1)全身预防性止血 是在手术前给奶牛注射增高血液凝固性的药物和同类型血液，借以提高机体抗出血的能力，减少手术过程中的出血。常用下列几种方法。

①输血：目的在于提高施术奶牛血液的凝固性，刺激血管运动中枢，反射性地引起痉挛性收缩，以减少手术中的出血。在术前30～60分钟，可输入同种同型血液500～1 000毫升。

②肌内注射维生素 K 注射液：促进血液凝固，增加凝血酶原，每头注射 100～400 毫克。

③肌内注射安络血：可增强毛细血管收缩力，降低毛细血管渗透性，每头注射 30～60 毫克。

④肌内注射止血敏注射液：可增强血小板功能及黏合力，减少毛细血管渗透性，每头注射 1.25～2.5 克。

(2) 局部预防性止血

①肾上腺素止血：应用肾上腺素进行局部预防性止血常配合局部麻醉进行。一般是在每 1 000 毫升盐酸普鲁卡因溶液中加入 0.1% 肾上腺素溶液 2 毫升，利用肾上腺素收缩血管的作用，达到减少手术局部出血之目的，其作用可维持 20 分钟至 2 小时。但手术局部有炎症病灶时，因高度的酸性反应，可减弱肾上腺素的作用。此外，在肾上腺素作用消失后，小动脉管扩张，如若血管内血栓形成不牢固，可能发生二次出血。

②止血带止血：适用于四肢、阴茎和尾部手术。可暂时阻断血流，减少手术中的失血，有利于手术操作。用橡皮管、止血带或绷带时，局部应垫以纱布或手术巾，以防损伤软组织、血管和神经。

橡皮管止血带的装置方法是：用足够的压力(以止血带远侧端的脉搏将消失为度)，于手术部位上 1/3 处缠绕数周固定，其保留时间不得超过 2～3 小时，冬季不超过 40～60 分钟，在此时间内如手术尚未完成，可将止血带临时松开 10～30 秒，然后重新缠扎。松开止血带时，宜用多次“松、紧、松、紧”的办法，严禁一次松开。

(3) 手术过程中的止血　手术过程中的止血方法很多，常用的几种止血方法如下。

①压迫止血：是用纱布或泡沫塑料压迫出血部位，以清除术部的血液，辨清组织、出血径路和出血点，以便进行止血。在毛细血管渗血和小血管出血时，如机体凝血功能正常，压迫片刻，出血即可自行停止。为了提高压迫止血的效果，可选用温生理盐水、

1%～2%麻黄素、0.1%肾上腺素、2%氯化钙溶液浸湿的纱布块做压迫止血。在止血时，必须按压，不可擦拭，以免损伤组织或使血栓脱落。

②钳夹止血：利用止血钳最前端夹住血管的断端，钳夹方向应尽量与血管垂直，钳夹住的组织要少，切不可做大面积钳夹。

用止血钳夹住血管断端，扭转止血钳1～2周，轻轻去钳，则断端闭合止血，此法适用于小血管出血。如经钳夹扭转不能止血时，则应予以结扎。

③结扎止血：是常用而可靠的基本止血方法，多用于明显而较大血管出血的止血。其方法有以下两种。

单纯结扎止血：用丝线绕过止血钳所夹住的血管和少量组织而结扎（图7-16）。在结扎结扣的同时，由助手放开止血钳，结扣收紧时，即可完全放松。过早放松，血管可能脱出；过晚放松则结扎住钳头不能收紧。结扎时所用的力量也应大小适中。单纯结扎止血法适用于一般部位的止血。

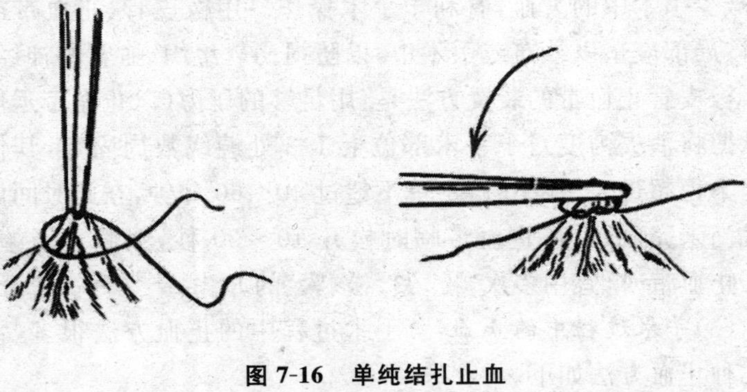

图7-16　单纯结扎止血

贯穿结扎止血：将结扎线用缝合针穿过所钳夹的组织（勿穿透血管）进行结扎。常用的方法有“8”字形缝合结扎（图7-17）和单纯贯穿结扎（图7-18）两种。

贯穿结扎止血的优点是结扎线不易脱落，适用于大血管或重要部位的止血。在不易用止血钳夹住的出血点，不可用单纯结扎止血，而宜采用贯穿结扎止血的方法。

④填塞止血：用灭菌纱布块填塞出血的腔洞，以达到压迫止血的目的。对较深部位的出血如鼻腔、阴道手术后以及拔牙后的出血等，常用此法止血。为保证效果，应填足纱布以产生足够

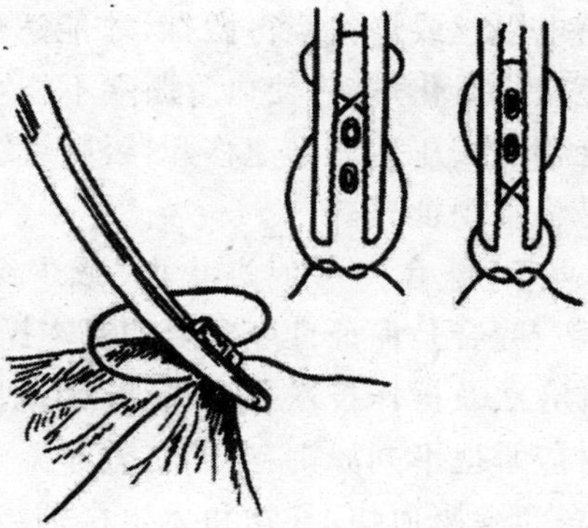

图 7-17　"8"字形缝合结扎止血

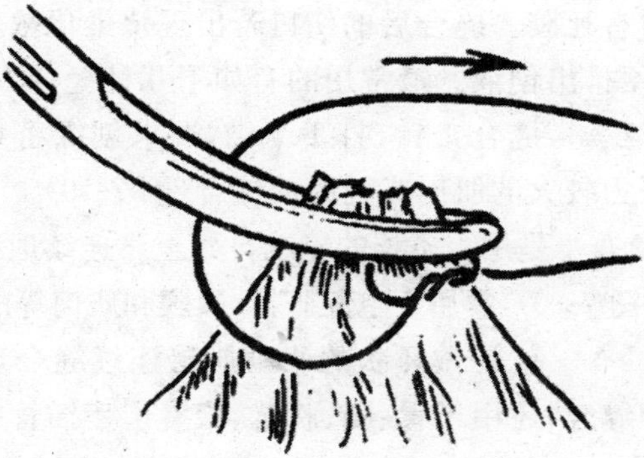

图 7-18　单纯贯穿结扎止血

的压力，必要时做暂时性缝合固定或压迫包扎，所用纱布可浸止血药。填塞的纱布可保留数小时或 1～3 天。

⑤缝合止血：即利用缝合方法使创缘、创壁紧密接触产生压力而止血的方法。常用于弥漫性出血和实质性器官出血的止血。

⑥烧烙止血：是用电烧烙器或烙铁烧烙作用使血管断端收缩封闭而止血。其缺点是损伤组织较多，兽医临床上多用于弥漫性出血、羔羊断尾术和某些摘除手术后的止血。使用烧烙止血时，应

将电阻丝或烙铁烧得微红，才能达到止血目的，但也不宜过热，以免组织炭化过多，使血管断端不能牢固堵塞。烧烙时，烙铁在出血处稍加按压后即迅速移开，否则组织黏附在烙铁上，当烙铁移开时易将组织扯离。

5. 缝合 可促进止血、减少组织紧张度，封闭伤口，防治感染。缝合是保证良好愈合的基本操作技术。愈合是否良好与缝合的方法及操作技术关系密切，因此应掌握缝合的基本知识。缝合时应掌握下列原则：应严格遵守无菌操作要求；缝合前必须彻底止血，清除凝血块、异物和无生机的组织；缝合针刺入与穿出应彼此相对，针距相等；无菌手术创应密闭缝合，化脓创不可缝合；打结时要适当收紧，创缘、创壁应互相对合，皮肤创缘不得内翻，经缝合后的创内不得留有死腔。缝合后的伤口若出现感染化脓应及时拆除部分缝线，以便排出创液。最常用的有如下几种缝合方法。

(1)结节缝合　缝合1针，打1个结，要求创缘密切对合。常用于皮肤和张力较大的肌肉或腱膜的缝合(图7-19)。

(2)螺旋缝合　是用1条长的缝线自始至终连续地缝合1个切口，最后打结(图7-20)，常用于空腔脏器、腹膜和肌肉等的缝合。

(3)荷包缝合　就是做环状的浆膜肌层连续缝合，用于胃、肠壁小范围内翻缝合，还用于胃、肠、膀胱、胆囊造瘘插管的引流固定缝合(图7-21)。

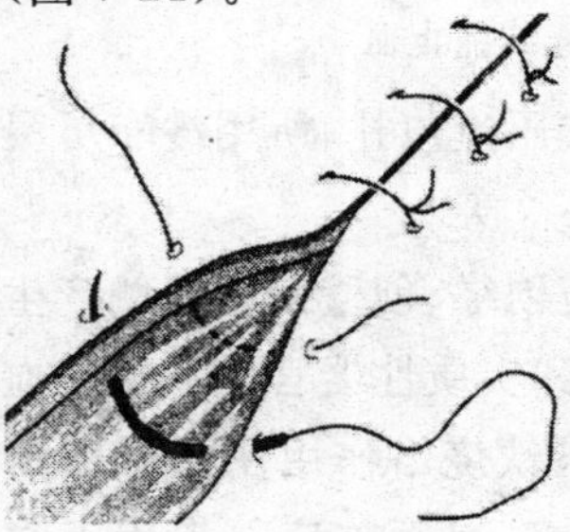

图7-19　结节缝合

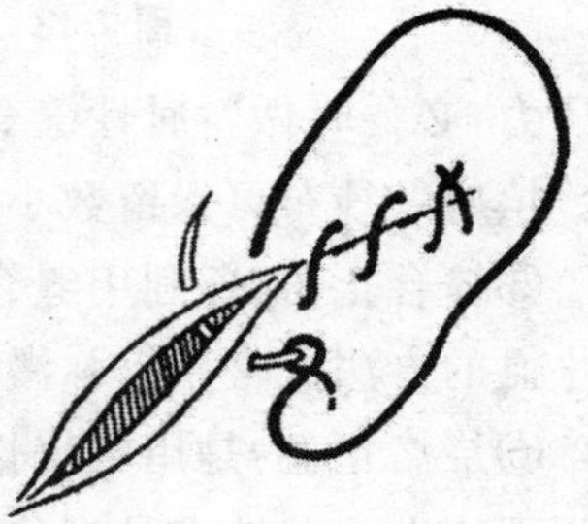

图7-20　螺旋缝合

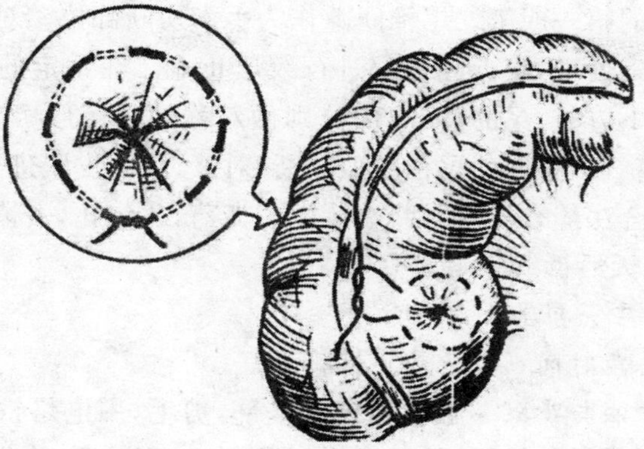

图 7-21　荷包缝合

(4)拆线　是指拆除皮肤上的缝合线,拆除时间是在术后的7～10 天,凡营养不良、贫血、老龄的奶牛,缝合部位张力大,活动性大的部位可适当延长拆线时间,但时间不能太长,时间太长不拆线,可引起化脓感染。拆线方法是:用 5%碘酊消毒伤口、缝线和伤口周围皮肤,将线结用镊子轻轻提起,并向线结一侧牵引,剪刀插入线结下,紧贴针眼将线剪断,随即向相反方向拉出缝线,再次用碘酊消毒。

6. 阴门侧切术

(1)适用情况　主要适用于阴门狭窄所导致的难产。

(2)方法与步骤　用消毒液清洗阴门,在阴门上联合两侧做两个斜向切口,做切口时一次性切开皮肤和肌肉。一般不需要做麻醉,胎儿娩出后及时结节缝合切口。

7. 奶牛断尾术

(1)适用情况　一般用于尾部的严重创伤或尾椎的严重化脓性感染。

(2)方法和步骤　将奶牛保定于柱栏内,在第一、第二尾椎间隙用 2%～5%盐酸普鲁卡因溶液 10 毫升,做硬膜外腔麻醉。以病变上方的第一或第二尾椎间隙作为手术切断部位。对术部进行剃毛和消毒处理，在近尾根部进行绞压止血。在预定的手术切断部位的稍下方处，尾的背、腹面分别做对称的"V"形切口，切开皮肤，并剥离。从预定的尾椎间隙切断，对背、腹面皮肤进行修整后，用结节缝合法缝合皮肤。断端涂上消炎药，并包扎，去掉绞压止血带，7～10天后拆线。

8. 犊牛去角术

(1)去角时间　以7～10日龄为宜。

(2)方法与步骤　触摸确定角基部，剪毛，用电烙铁烧烙角基部皮肤，不时抬起烙铁，然后再短时烧烙，直至皮肤变成黄褐色为止。外涂5%碘酊或紫药水。

(二)产科基本治疗技术

1. 接产　接产应该在严格消毒的情况下进行。在接产过程中，防止产道感染是控制生殖系统疾病发生的一个重要环节，因此接产者应对其手臂和所用器械进行认真消毒。其具体过程如下。

第一，奶牛开始分娩后，用绷带或细绳系住尾巴拉向一侧，另一端系于颈部。用0.1%苯扎溴铵溶液清洗外阴周围和乳房，然后将母牛放入待产处仔细观察，准备接产或助产。

第二，当胎儿的嘴巴露出阴门外时，如果胎膜尚未破裂，应将胎膜人为撕破，并将胎儿鼻孔中的黏液擦干净，以防胎儿在分娩过程中吸入羊水或发生窒息。

第三，掌握产道检查时机，及时助产。

2. 新生犊牛处理方法

(1)擦干羊水　当胎儿产出后要及时擦干鼻孔和嘴巴周围的羊水，并观察其呼吸是否正常，如果呼吸异常或无呼吸则必须进行相应的急救处理。对吸入少量羊水的胎儿应该将其倒吊或采用相应的治疗措施以促进羊水排出。

天气寒冷时还要将胎儿身上的黏液及时擦干，并注意保温。也可让母牛舔干胎儿身上的黏液。由于羊水中含有雌性激素、前列腺素等物质，还可促进母体子宫收缩，促进胎衣排出。

(2)断脐　断脐的目的主要是为了防止脐带感染，促进脐带干燥。大多数动物出生后脐带会被自行扯断，只有马等少数动物的脐带不易自行扯断。断脐时脐带不可过长或过短，过长易导致脐带感染，过短易导致“漏脐”，一般以 3～6 厘米为宜。断脐后将脐带断端在 5%碘酊内浸泡片刻或外涂碘酊，如有出血则应该进行结扎。

(3)辅助哺乳　犊牛出生后，应擦洗母牛乳头，协助犊牛尽早吃上初乳。对于活力较差无法自行吮吸乳汁的犊牛，应该及时进行人工哺乳，尽量保证在出生 1 小时内让犊牛吃上初乳。

3. 牵引助产

(1)适用情况　牵引助产是奶牛临床上常用的一种助产方法，适用于母牛产力不足(阵缩、努责微弱)所引起的难产、胎儿稍大引起的难产、产道轻度狭窄引起的难产和胎位、胎势轻微异常引起的难产。

(2)牵引助产时的注意事项　①正生时一定要注意“三件(两前肢和胎儿的嘴)俱全”时才能进行牵引助产。②牵引助产可徒手进行也可用产科绳或产科钩，产科绳可系于胎儿的两前肢或两后肢上，也可系在胎头上。但一定要分清前、后肢，或是否是同一个体的前、后肢。③当胎儿的头刚进入盆腔入口时，要向后上方用力牵引；当胎儿嘴顶触在盆腔顶壁时，要向后下方牵引用力；当胎儿的头出了阴门时要向后上方用力牵引。④向外牵引前(后)肢时，可同时用力，也可一先、一后用力牵引。⑤在牵引过程中，术者要注意保护母牛的阴门，以防撕裂。⑥在牵引用力过程中，术者要上下、左右活动或摇晃胎儿。⑦牵引用力还应配合母牛努责进行，这样可以省力。⑧当胎儿的脐部已通过母体阴门时，术者要注意保护胎儿，以防胎儿摔伤。⑨破水时间较长、产道干燥时，要向产道中涂抹润滑剂。⑩胎位、胎势、胎向严重不正常者，要先行矫正，未能矫正者不可牵引助产。

4. 矫正术

(1)适用情况　主要用于胎势、胎位、胎向异常造成的难产。适用于活胎儿或胎儿死亡不久，胎水流失少，产道完全扩张，可以用手术矫正并能拉出胎儿的病例。

(2)保定方法　以站立保定为宜，这样子宫向前垂入腹腔，腹压小，胎儿活动范围大，容易矫正。拉出胎儿时，侧卧保定为好，侧卧时腹壁托起子宫，增大腹压，有利于拉出胎儿。不能站立的牛，要根据胎儿异常部位的位置，确定侧卧的方向。如胎儿右侧肩关节屈曲，母牛宜左侧卧保定。这样胎儿异常部位不被母体压迫，易于进行矫正。

(3)矫正方法　徒手配合器械矫正胎儿的异常部分。除使用产科绳外，配合使用绳导、双孔梃、产科梃、产科钩等。

矫正时，首先应将胎儿用产科梃或用手推回子宫内，产科梃一定要顶牢，术者用手固定，指令助手慢慢向前推，严防滑脱而穿破子宫。推四肢时，先要用产科绳拴住，绳的另一端留在阴门之外，以便牵引胎儿。推回子宫后，用手将胎儿姿势扭正，在扭的过程中配合牵拉，把屈曲的部位拉直。然后，按牵引拉出胎儿的方法，配合母牛努责拉出胎儿。

5. 截胎术　是为了缩小胎儿体积而肢解或除去胎儿身体某部分的手术。难产时，如果无法矫正胎儿，又不能或不宜施行剖宫产，可将胎儿的某些部分截断分别取出，或把胎儿的体积缩小后拉出。

(1)截头术　适用于胎头侧弯、胎儿发育过大、产道狭窄以及胎儿前肢姿势不正等。

先用产科钩钩住眼眶，将胎头拉至产道，然后经耳前、眼眶后至下颌做一切口，在寰枕关节处切断颈韧带，用产科钩钩住枕骨大孔，拉离颈部。同时，把连接头颈的皮肤、肌肉用刀切断。切掉头之后，留3个皮瓣（两耳与下颌）结扎在一起，形成1个坚固的结，以便推进或拉出胎儿时用。此法无效时，可用线锯绕过颈部将其锯断，或用产科铲将颈部铲断。

（2）*前肢截断术*　适用于前肢各关节屈曲无法矫正或肩围过大难于产出的难产。

其方法是用指刀或隐刃刀沿肩胛骨的后角，切开皮肤和肌肉，将肩胛骨与胸廓的联系切断，然后用产科钩或产科绳将前肢扯断拉出。在肘关节或腕关节屈曲时，可用指刀或隐刃刀切断关节周围的皮肤、肌肉和韧带，然后用铲、凿铲断或用线锯锯断。

（3）*后肢截断术*　适用于倒生时，胎儿过大和后肢姿势不正等。

施术时，首先用产科绳把后肢拴住并拉紧，然后用钩状指刀或隐刃刀沿荐骨平行的方向，切开荐部与股骨间的皮肤和肌肉，一直切到髋关节。然后经坐骨结节外侧向后与会阴平行切割，如此反复切割，即将骨盆与大腿之间的软组织完全切断。最后切断髋关节及其周围韧带，再把后肢扯下。如果扯下有困难时可将股骨用产科凿凿断，或用线锯将其锯断，然后拉出后肢。

（4）*胎儿内脏摘除术*　适用于水肿或气肿胎而造成的难产。

在正生时，可先将一前肢连同肩胛骨一起切除，再切掉若干根肋骨，将手伸入胸腔、腹腔把内脏掏出来。倒生时，必须先截除一后肢，然后将手伸入胸、腹腔掏出全部内脏。

（5）*胎儿半截术*　适用背部前置的横胎向和竖胎向不能整复时。

施术时可用线锯或链锯绕过胎儿躯干，然后锯断并分别拉出。若无线锯、链锯时可用指刀或隐刃切开腹壁，摘除内脏，然后用产科凿或铲将脊柱铲断，再分别取出来。

思考题

1. 怎样进行牛瘤胃取铁操作？
2. 进行牛胃管投药时如何判定胃管在消化道内？
3. 给奶牛进行静脉输液的方法步骤是什么？
4. 怎样进行奶牛倒卧保定？
5. 处理新生犊牛时应做好哪些工作？
6. 对牛进行牵引助产时应注意哪些问题？

第八章 驱虫技术

寄生虫病严重危害奶牛的健康，给奶牛生产经营者造成了严重的经济损失，防治寄生虫病是关系到人、畜健康和提高奶牛经济效益的一项重要工作。

奶牛寄生虫病的防治具有一定的复杂性，不仅与奶牛生产的诸多管理环节不到位有关，也与我们的生活习惯和环境卫生状况有十分密切的关系。所以，奶牛寄生虫病的防治必须采取综合防治措施，才能收到较好的成效。

驱虫是将宿主体内或体表的寄生虫杀灭的一种措施。寄生虫生活于宿主体内或体表的这个阶段是寄生虫生活史中较易被我们所突破的环节；相反，当它们居住在自然界的时候，虽然缺少庇护，但由于虫体小，散布广，往往难于扑灭它们。驱虫并不是消极的治疗措施，而是积极的预防措施。驱虫应该在采取一定卫生条件措施的情况下进行，对大多数蠕虫进行驱虫时显得更为重要，因为驱虫药很难杀死子宫中的蠕虫或已经排入消化道或呼吸道的虫卵，驱虫后含有崩解虫体的排泄物随意散布会对环境造成严重污染。

为了防止驱虫工作对环境造成污染，我们应注意如下几点。

第一，驱虫应在专门的(有隔离条件)场所进行。

第二，驱虫后应有一定的隔离时间，直至被驱出的病原物质排完为止。

第三，驱虫后排出的粪便和一切病原性物质均应集中处理，采用粪便发酵等无害化方法进行处理。

驱虫应有适宜的时间，这要根据寄生虫的流行病学特点来确定。对于大多数蠕虫，在秋冬季驱虫较好，因为这些季节不适于虫卵和幼虫的发育。另外，秋冬季驱虫也有助于减少寄生虫借助蚊、蝇等昆虫进行机械传播。

成熟前驱虫主要应用于某些蠕虫，是在一种蠕虫于宿主体内尚未发育成熟时，用药物将其驱除。怎样确定驱虫时间，要根据寄生虫的生活史、流行病学特点以及药物性能等而定。这种方法的优点：一是将虫体消灭于成熟产卵之前，防止了虫卵或幼虫对外界环境的污染；二是阻断宿主病程的发展，有利于保护牛体健康。

近年来，驱虫药的研制有了很大进展，出现了一些能够杀死某些蠕虫移行幼虫的药物，如硝氯酚可以杀死4周龄以上的肝片吸虫幼虫，苯硫苯咪唑可以杀死在组织和血管内移行的一些线虫的幼虫。如能掌握蠕虫精确的流行病学资料，将相应的药物应用于成熟前驱虫，就能取得更加显著的防治效果。

搞好环境卫生是预防或减少寄生虫感染的重要措施，包括许多方面的内容，但除了改善管理、提高清洁水平等一般性工作之外，更为重要的是依据对寄生虫生活史和流行病学特点的精确了解，制定有针对性的驱虫方案，在最适宜的地点和时间，攻破它们的流行环节。例如，在预防牛肝片吸虫时，应从粪便管理、灭螺和饲料来源等方面采取措施。

对于奶牛来说，在寄生虫病的防治方面要重视犊牛和成年牛分群饲养，保持牛舍干燥卫生，设置产房，保证饲料和饮水清洁，及时清除粪便，定期驱虫等重点工作。

奶牛寄生虫病防治要坚持预防为主的方针，采取养、防、检、治的综合措施。

养为基础。创造良好的饲养条件，保持牛舍、饲料和饮水的清洁卫生。实验证明，在不良的饲养条件下，长期蛋白质摄入不足，缺乏维生素、微量元素和钙等，会降低奶牛对寄生虫的抵抗力而发生严重感染。寄生虫在抵抗力弱的奶牛体内，可延长生活周期，增强繁殖能力，加剧其致病作用。营养不良、体质衰弱的犊牛，特别容易感染胎生网尾线虫和牛新蛔虫。

奶牛的多数寄生虫虫卵或幼虫排出体外后，在潮湿温暖的条件下，经过一定时间发育为感染性虫卵或幼虫，再被奶牛采食而受感染。因此，牛舍要经常打扫，保持清洁干燥，使之不适合寄生虫虫卵和幼虫的发育，减少其污染程度。饲料、饮水易被寄生虫虫卵或幼虫所污染，因此要特别注意保持其清洁。在流行区，凡从沼泽、水渠、河溪边割取的牧草，必须经过日晒处理，并将牧草放在适当高度的草架上，供奶牛食用，防止感染吸虫、丝状网尾线虫和消化道线虫。放牧奶牛不要饮用河水、池塘水或水渠中的水，防止感染肝片吸虫、前后盘吸虫和东毕吸虫。牧地上捻转血矛线虫的感染性幼虫数量，早、晚多于中午，阴雨天多于晴天，故放牧时间应尽可能避开早、晚和阴雨天，以减少感染机会。

防是手段。防治寄生虫病，应采取各种预防手段。主要包括两个方面：一是采取措施消灭外界环境中的病原体及其中间宿主和传播媒介，以净化环境，防止感染；二是研究和采取免疫预防措施，增强宿主机体的免疫力，预防和减少感染。

消灭环境中的寄生虫病原体，应运用生物学知识，改造寄生虫的生态环境，采用生物热灭虫、生物学灭虫、物理和化学法灭虫等措施。

目前，国内外都在进行寄生虫疫苗的研制工作，虽然目前商品市售的寄生虫疫苗较少，但随着科学技术的进步，寄生虫疫苗的研制和应用将具有广阔的前景。目前，在奶牛上应用较多的是牛环形泰勒虫裂殖体胶冻细胞苗，该苗可用于预防牛环形泰勒虫病，其保护率达95％～97％ 。另外，日本分体吸虫、网尾线虫、贝诺孢子虫等疫苗也初步研制成功，将逐渐进入市场。

检为依据。检查虫情动态，要求做到检查方法科学，手段先进，数据准确完整，才能得出可信的结论，并以此作为防治的依据。

检查的内容包括临床检查、实验室检验、寄生虫定期检查、流行病学调查研究、区系调查以及市场检疫、交通检疫、肉品卫生检验等。

做好奶牛场寄生虫病监测工作，对奶牛寄生虫病的防控具有重要意义。牛场可根据本地寄生虫种类，采用虫卵检测技术，每年进行2～4次定期监测，然后根据监测结果确定是否有必要驱虫，并根据监测结果选择相应的驱虫药物进行驱虫。

治则为治病灭虫。对有症状的病牛进行治疗，以减少经济损失，消灭病原体；对症状不明显的带虫奶牛进行预防性治疗，防患于未然，消灭病原体，防止其散布。因此，对寄生虫病的治，其含义是治愈病牛和消灭病原体，兼有积极预防的作用，所以在防治奶牛寄生虫病上占有相当重要的作用。

寄生虫病的治疗，包括体内、体外寄生虫病的治疗。一般对寄生在与体外相通的器官和腔道部位（如食管、胃、鼻腔等）的寄生虫的治疗，是借助药物将寄生于此部位的虫体驱出到体外；对寄生在与体外不相通器官部位（如脑、肌肉、腹腔等）的寄生虫，经药物作用将虫体杀死，但不能排出体外，故统称为治疗。

在进行驱虫时，要确定驱虫对象与范围，做到有的放矢，从实际出发，既要有周密的计划，又要求高效益，以免浪费。选择最佳的驱虫时间和最佳的驱虫药物，如肝片吸虫从食入囊蚴到虫体成熟开始排卵，约需3个月，其感染的高峰季节是在7～9月份，因此可在10～11月份驱虫1次，翌年1～2月份再驱虫1次，可使奶牛安全越冬，减少虫卵污染环境。在多雨年份，要防止急性肝片吸虫病的暴发，应在8～10月份对肝片吸虫幼虫进行驱杀。治疗急性肝片吸虫病，应选用双酰胺氧醚或二氯苯哒唑而不应该选硝氯酚；治疗慢性肝片吸虫病可选用二氯苯哒唑、硝氯酚，而不应选用双酰胺氧醚。驱除犊牛莫尼茨绦虫应选用丙硫苯咪唑、吡喹酮，而不应选用伊维菌素。

一、胃肠道线虫病的防治

胃肠道线虫病是指线虫寄生于奶牛胃肠道内所引起的一种临

床或亚临床型寄生虫病，其主要临床表现是肠炎、瘦弱、贫血和产奶量下降。

(一)预防措施

减少胃肠道线虫虫卵或幼虫污染草料和饮水是最重要的环节。因此，当发现被线虫感染的病牛时，应立即将其隔离、治疗，并严格注意消毒。感染牛场要定期进行预防性驱虫，一般在春秋季各进行1次。

如果是放牧奶牛，在严重流行地区，牛只放牧期间可用硫化二苯胺，剂量是每日每头0.5克，混入食盐或精饲料中口服进行预防。要选择合适时间，尽可能地避开在潮湿牧地和幼虫活跃时间放牧。

(二)治疗措施

治疗方法是驱虫。杀死线虫的广谱抗虫药物很多，举例如下。

1. 左咪唑　4～5毫克/千克体重，一次皮下或肌内注射；或6毫克/千克体重，一次口服。

2. 噻苯咪唑　70～110毫克/千克体重，配成10%水悬液，一次灌服。

3. 丙硫苯咪唑　5～10毫克/千克体重，拌入饲料中一次喂服；或配成10%水悬液，一次灌服。

4. 1%害获灭溶液　0.02毫升/千克体重，一次皮下注射。

二、肝片吸虫病的防治

肝片吸虫病是由片形科、片形属的肝片吸虫寄生于奶牛肝脏、胆管中所引起的一种寄生虫病。本病分布广泛，常呈地方性流行。临床上以急性或慢性肝炎、胆管炎以及全身中毒和营养障碍为特征。

(一)预防措施

定期驱虫,消灭中间宿主,加强饲养管理,保证饮水和饲草卫生是预防本病的主要措施。

驱虫的时间和次数可根据流行地区的具体情况而定。针对急性病例,可在夏秋季选用肝蛭净等对幼虫效果好的药物进行驱虫。针对慢性病例,全年可进行 2 次驱虫,分别在春季和秋季进行,南方地区可根据情况增加 1 次驱虫。

粪便中含有大量虫卵,因此牛的粪便是虫卵扩散的重要媒介,特别是驱虫后的粪便。应加强牛场粪便清理工作,粪便要集中堆积、发酵杀虫。

在放牧地区应采取措施消灭中间宿主。兴修水利,改造低洼地,使钉螺没有适宜的生存环境;大量养殖鸭、鹅,用以消灭螺类(但应注意防止禽吸虫病的流行,因为很多禽类吸虫的中间宿主也是螺类);亦可采用化学灭螺法,从每年的 3～5 月份、气候转暖、螺类开始活动起,用 0.002％硫酸铜溶液或氨水、2.5 毫克/升血防 67 溶液喷洒或在草地上小范围的死水内用生石灰等进行灭螺。

采取有效措施防止奶牛感染囊蚴。饮水最好用自来水、井水或流动的河水,并保持水源清洁。尽可能选择在高燥地区放牧,不要在低洼、潮湿的地带放牧(可将低洼、潮湿地的牧草割后晒干再喂牛)。在牧区有条件的地方,实行划地轮牧可以大大降低奶牛感染的机会。对怀疑有本病感染的地区,最好不喂青饲料,或将青草晒干,贮藏 6 个月以后再喂。

(二)治疗措施

治疗肝片吸虫病时,不仅要进行驱虫,而且应注意对症治疗,尤其对体弱的重症病牛。驱除肝片吸虫的药物较多,早期药物如四氯化碳、六氯乙烷等因其毒性大已被淘汰;六氯对二甲苯、硫双二氯酚等因其用量过大，推广应用亦受到限制。目前常用的药物如下，可根据药源和具体情况加以选用。

1. 三氯苯唑（肝蛭净）　10～12 毫克/千克体重，一次口服。本药对成虫和幼虫均有杀灭作用。

2. 硝氯酚　粉剂剂量为 3～4 毫克/千克体重，一次口服；针剂剂量为 0.5～1 毫克/千克体重，深部肌内注射。

3. 丙硫苯咪唑　20～30 毫克/千克体重，一次口服。本药对幼虫有一定的疗效。

4. 溴酚磷（蛭得净）　12 毫克/千克体重，一次口服。对成虫和幼虫均有良好的驱杀效果，可用于治疗急性病例。

5. 硝碘酚腈　10 毫克/千克体重，皮下注射；或 20 毫克/千克体重，一次口服。本药对成虫和幼虫均有较好的驱杀作用，但在牛体内残留时间较长，用药 1 个月后肉、奶才能食用。

三、泰勒虫病的防治

泰勒虫病是由巴贝氏焦虫和泰勒氏焦虫寄生于奶牛血液内所引起的一种寄生虫病。本病流行范围和危害较大，病情严重，可引起奶牛大批死亡，对奶牛业危害严重。本病以发热、贫血、黄疸、迅速消瘦和产奶量明显下降为主要临床特征。

（一）预防措施

第一，消灭牛体表、牛舍内和环境中的蜱是预防本病的关键措施之一。根据流行地区蜱的活动规律，及时采用杀蜱药物喷洒或涂搽牛体，杀灭牛体上的蜱。也可用喷洒杀虫剂的方法对牛舍和环境中的蜱进行杀灭，还要认真做好牛舍卫生。

第二，在本病的发病季节，可采用给牛定期注射药物（贝尼尔 3 毫克/千克体重，配成 7%溶液深部肌内注射）预防，每 20 天注射

1 次。

第三，在泰勒氏焦虫流行地区，还可用牛环形泰勒氏焦虫裂殖体胶冻细胞苗进行接种预防，接种此疫苗 20 天后可产生免疫力，免疫保护期在 1 年以上。

第四，病牛或带虫牛是主要的传染源，应集中饲养，注意灭蜱，以防存留于体内过冬的病原体继续发育、繁殖、传播。严格控制病牛或带虫牛的引入或调出，防止将病原体带入或传出。

（二）治疗措施

治疗可选择下述药物。在用药同时，还应根据症状配合给予强心、补液、止血、健胃、缓泻和抗菌药物，并加强护理。

1. 磷酸伯氨喹啉　0.75～1.5 毫克/千克体重，每日口服 1 次，连用 3 天，具有强大的杀灭牛环形泰勒虫配子体的作用，有效率达 100%。

2. 贝尼尔（三氮咪、血虫净）　7 毫克/千克体重，配成 7%注射液肌内注射，每日 1 次，连用 3 天。如红细胞染虫率不下降，还可继续治疗 2 次。必要时改为静脉注射，5 毫克/千克体重，配成 1%注射液，缓慢注入，每日 1 次，连用 2 天。

3. 阿卡普林（硫酸喹啉脲）　1 毫克/千克体重，用注射用水配成 1%～2%溶液，皮下注射。

4. 黄色素　3～4 毫克/千克体重，极量为 2 克，用注射用水配成 0.5%～1%溶液，静脉注射，必要时隔 1～2 天再注射 1 次。

5. 黄色素和阿卡普林合用　第一、第二天用黄色素，第三天用阿卡普林，每日用药 1 次，剂量同上。

6. 新鲜黄花青蒿　每日每头牛用 2～3 千克，分 2 次口服。用时将青蒿切碎，用冷水浸泡 1～2 小时，然后连渣灌服。2～3 日后，染虫率可明显下降。

此外，青蒿琥酯对本病也有较好的治疗效果。

四、住肉孢子虫病的防治

本病是由住肉孢子虫引起的一种人兽共患原虫病，流行于世界各地。除感染牛、马、羊、猪外，犬、猫、鹿、狐狸、狼、熊、蛇、鼠等动物和人也可被感染。牛感染了住肉孢子虫，其主要发病特征是发热、贫血、腹泻、流产、脱毛和肌肉抽搐。

(一)预防措施

预防要着重加强兽医卫生检验，在屠宰牲畜时将寄生有住肉孢子虫的肌肉、脏器和组织剔除烧毁。严重感染且受害组织病变明显(消瘦、血液稀薄、色淡、钙化)者做工业用；肉尸应在－20℃下冷冻 3 天或－27℃冷冻 24 小时，以使肉品无害化；肉品干腌或煮 2 小时也可使虫体死亡。

严禁用生肉喂犬、猫等终末宿主；严防奶牛饲料、饮水被猫、犬、人粪污染；饲养场严禁饲养猫、犬。

场内工作人员应注意个人的饮食卫生习惯，不吃生的或未煮熟的肉食。

(二)治疗措施

本病目前尚无特效治疗药物。在试验条件下，给牛喂服 30 天氨丙啉(100 毫克/千克体重)或 87 天莫能霉素(33 毫克/千克饲料)，据认为可减轻住肉孢子虫所引起的病理损伤和死亡率，但不能阻止肌肉内包囊的形成。也有报道认为，应用抗球虫药，如盐霉素、莫能菌素、氨丙啉、常山酮等预防牛、羊的住肉孢子虫病可收到一定的效果。

五、边虫病的防治

边虫病也叫无浆体病，是由立克次氏体目、边虫科、边虫属的边缘边虫寄生于奶牛红细胞内引起的一种慢性疾病。

(一)预防措施

第一，搞好环境卫生，控制传播媒介（蜱和其他吸血昆虫）是预防本病发生的基本措施，奶牛场在夏季要做好灭蚊、蝇、蜱工作。

第二，引进牛只时要从非疫区引进。对已经发病的牛要隔离治疗。病愈牛要仔细检查，特别要注意血液虫体检查。治疗要彻底，直至红细胞内无边虫时才可认为痊愈。

第三，采血、打耳标和兽医器械用过后要认真消毒。

第四，加强饲养管理，尽量减少应激反应。

(二)治疗措施

治疗时应根据病情严重程度选用相应的治疗方案。轻症一般只应用抗边虫药物即可；重症除应用抗边虫药物外，还应采取强心、补液、输液等对症治疗和支持治疗。

治疗牛边虫病的药物和使用方法如下。

1. 四环素或长效土霉素　20 毫克/千克体重，溶于 5%葡萄糖注射液中，一次静脉注射，每日 2 次，连用 5～7 天。

2. 磺胺苯甲酸钠　30 毫克/千克体重，配成 10%的注射液，静脉一次性注射，每日 1～2 次，连用 5 天。

3. 贝尼尔　4 毫克/千克体重，配成 7%注射液肌内注射，每日 1 次，连用 3～5 天。

六、棘球蚴病的防治

棘球绦虫属带科、棘球属，目前世界上报道的棘球绦虫有 4 种，我国只有细粒棘球绦虫和多房棘球绦虫。

细粒棘球绦虫成虫寄生于犬、狼、狐、猫等肉食动物的小肠，其幼虫（细粒棘球蚴）也叫包虫，寄生于牛、羊、猪和人等的肝脏、肺脏，有时可寄生于脾脏、肾脏、脑、纵隔、骨盆腔等处，是一种重要的人兽共患寄生虫。多房棘球绦虫成虫寄生于狐、猫、犬和其他肉食动物的小肠，其幼虫（多房棘球蚴）又称泡球蚴，寄生于啮齿动物、牦牛、猪等动物的肝脏，有时也可寄生于人。

棘球蚴在寄生过程中，会压迫所寄生的脏器及周围组织，引起萎缩和功能障碍。如肝脏寄生时，能导致消化功能失调，出现黄疸，肝区压痛明显，其症状轻重取决于棘球蚴的大小、寄生部位和数量。临床可表现食欲减退，反刍无力，胃肠常臌气，消化不良，身体消瘦。在肺脏寄生时会出现咳嗽、喘息和呼吸困难等。棘球蚴的囊液中含有毒蛋白，包囊破裂后，其代谢产物可引起宿主剧烈的变态反应，出现呼吸困难，体温升高，腹泻，严重时可发生过敏性休克而死亡。囊内的原头蚴可到宿主的任何器官中发育形成新的棘球蚴。人误食细粒棘球绦虫卵后，可患严重的棘球蚴病。

（一）预防措施

预防主要是消灭野犬，对警犬和家犬定期驱虫。可用槟榔煎剂、氯硝柳胺（100～400 毫克/千克体重）、吡喹酮（5 毫克/千克体重）、氢溴酸槟榔碱（2～5 毫克/千克体重）、甲苯咪唑（8 毫克/千克体重）等药物内服。驱虫时要将犬拴养，排出的粪便要进行无害化处理，以免病原体扩散和污染。

要加强屠宰场的卫生管理，病牛的脏器不得随意喂犬。经常保持牛舍、饲草料和饮水卫生，防止犬粪污染。人与犬等动物接触或加工狼、狐狸等毛皮时，应严格注意个人卫生防护，进食前一定要洗手，严防感染虫卵。

（二）治疗措施

本病目前尚无特效治疗方法。可试用丙硫苯咪唑治疗，剂量为 90 毫克/千克体重，连用 2 次，对原头蚴的杀虫率为 82%～100%；也可用吡喹酮，25～30 毫克/千克体重，每日 1 次，连用 5 天。

七、牛皮蝇蛆病的防治

牛皮蝇蛆病是由纹皮蝇、牛皮蝇或中华皮蝇的幼虫寄生于牛背部皮下组织而引起的一种寄生虫病。牛皮蝇蛆病在世界范围内广泛分布，在我国也较常见，由于皮蝇蛆的寄生，可使犊牛发育受阻、消瘦，严重影响泌乳牛的生产性能，所造成的经济损失相当严重。

（一）预防措施

要很好地控制本病，需要了解和掌握牛皮蝇的生物学特性，如成蝇产卵和活动的季节，各期幼虫的寄生部位和寄生时间等，了解了这些基本的流行病学知识，才能因地制宜地制定出行之有效的防治措施。另外，我国牛皮蝇蛆病分布广、寄生率高、寄生强度大，成蝇飞翔能力强（一次飞翔 2～3 千米），多呈区域性为害。防治本病要坚持不懈，才可获得理想的效果。

在牛皮蝇蛆病流行的地区，每逢皮蝇活动季节，可用 1%～2%敌百虫溶液对牛体进行喷洒，每隔 10 日喷洒 1 次；或用 1 000～1 500毫克/千克拟除虫菊酯类药物喷洒，每 30 天喷洒 1

次，可杀死产卵的雌蝇和幼虫。

消灭寄生于牛体内的幼虫，对防治牛皮蝇蛆病有极其重要的作用，既可减少幼虫的危害，又能防止幼虫发育为成虫。消灭幼虫可以用机械法或化学药液治疗法。

在牛数不多和虫体寄生量少的情况下，可用机械法，即用手指压迫皮孔周围，将幼虫挤出，并将其杀死。由于幼虫的成熟时间不同，故每隔 10 天需重复操作 1 次。操作时注意勿将虫体挤破，以免引起变态反应。

(二)治疗措施

牛皮蝇蛆病的化学治疗多用有机磷杀虫药和伊维菌素或阿维菌素类药物，但在 12 月份至翌年 3 月份因幼虫在食管或脊椎寄生，虫体在该处死亡后可引起相应的局部严重反应，故此期间不宜用药。一般防治多在 11 月份进行，各地要根据当地具体的流行病学资料确定。常用的药物种类、浓度和剂量如下。

1. 1%伊维菌素或阿维菌素　1 毫升/50 千克体重，一次注射；或 10 毫克/50 千克体重，一次口服。

2. 蝇毒磷　10 毫升/50 千克体重，臀部肌内注射，对纹皮蝇的移行期幼虫有杀灭作用。

3. 2%敌百虫溶液　取 300 毫升在牛背部或只在牛皮肤上的小孔处涂搽 2～3 分钟，经 24 小时后大部分幼虫即软化死亡，其杀虫率可达 90%～96%。本药对牛十分安全。涂搽时间可按各地皮蝇发育情况而定，一般从 3 月中旬开始至 5 月底，每隔 30 日处理 1 次，共处理 2～3 次。

思考题

1. 为了防止驱虫工作对环境造成污染，我们应该注意些什么？

2. 在奶牛寄生虫病防治中采取的综合措施有哪些？
3. 奶牛胃肠道线虫病的防治措施有哪些？
4. 怎样防治奶牛肝片吸虫病？
5. 奶牛泰勒虫病如何预防？
6. 奶牛边虫病的防治措施是什么？

第九章　奶牛几种主要传染病的防控与扑灭措施

奶牛防疫员是在兽医领导下落实、完成具体防疫操作措施的工作人员，在牛场疫病防治中占有重要的地位。近年来，随着疫病发生和防治的多样性进一步增加，防控理念和防控措施的复杂性、科学性也进一步提高。对防疫员来说，应该对奶牛场主要传染病的综合防控知识有一个基本理解，这样更有助于细致、到位地完成兽医制定的具体防疫措施，较深刻地理解、认识是行动到位的前提和保证。进一步做好动物疫病的控制和消灭，也有赖于对传染病防治的正确理解。在此，介绍奶牛几种主要传染病的防控、扑灭措施和相关的基本知识。

制定综合性的防疫措施对做好传染病的控制至关重要。综合性防疫措施的制定应根据不同传染病的流行病学特点和分布特征，分清主要因素和次要因素，确定防治工作的重点环节。

传染病防治措施的制定应符合一定的原则。首先，应坚持预防为主的原则，这在现代化密度高、数量大的饲养情况下显得尤为重要。其次，还要加强动物传染病的流行病学调查和检测，随时了解传染病在特定时间、地区、动物群中的分布特征以及危害程度等，从而制定适合本地区或养殖场的疫病防治措施。另外，针对不同的传染病，对其流行的三个基本环节及其影响因素应视具体情况有重点地对待和控制。

任何一种动物传染病都是由传染源、传播途径、易感动物这三者密切联系而引起的复杂过程，因此要做好传染病的控制就必须采取果断措施消除或切断三者之间的相互联系。做好这些工作的前提是加强动物饲养人员、防疫员和兽医工作者的传染病防疫意识,做好规模化奶牛场的规划和布局,建立规模化养殖场的隔离制度和设施,强化奶牛的饲养管理和杀虫、灭鼠,切断传播途径,以及处理好规模化养殖的环境保护等。只有做好这些工作才能进一步做好疫病预防、控制、消灭和净化。特别是当传染病发生时,应及时对病牛采取隔离、检查和诊断措施;对污染场所进行紧急消毒处理,当确诊为法定一类疫病、危害性大的人兽共患病或外来疫病时,应立即采取封锁疫区和扑杀传染源的综合性防疫措施,对疫点和疫区周围的牛群立即进行紧急免疫接种,并根据疾病的状况进行及时的对症治疗,处理患病死亡或淘汰牛的尸体应按法定程序处理;做好对周围牛群的检疫和检测,从而发现、淘汰和处理各种病原携带者。

一、口蹄疫

口蹄疫是由口蹄疫病毒引起的偶蹄兽的一种急性、热性、高度接触性传染病,其特征为传播速度快,成年动物的口腔黏膜和鼻、蹄、乳房等部位皮肤形成水疱和烂斑,幼龄动物多因心肌受损而死亡率升高。本病是世界性的传染病,人和非偶蹄动物也可感染但症状较轻。本病传播性较强,发病率几乎能达 100%,往往造成广泛流行,造成巨大的经济损失,被国际兽疫局(OIE)列为 A 类家畜传染病之首。又因病毒具有多型和易突变的特性,使诊断和防治更加困难。

(一)病原体

口蹄疫病毒属于小 RNA 病毒科,包括 7 个血清型和 65 个以上的亚型。口蹄疫病毒在实验室里、流行过程中和经过免疫的动物体均容易发生变异,故常有新的亚型出现。病毒颗粒近似圆形,在病畜的水疱皮内和水疱液中含量最高。病毒对酸、碱、高温和紫外线很敏感，对干燥的抵抗力较强，在牛的皮革中最长可存活 352 天。病毒对乙醇、乙醚、石炭酸、氯仿、吐温 80 等有抵抗力，对甲醛、次氯酸和乳酸则缺乏抵抗力，2%氢氧化钠溶液、2%醋酸溶液或 4%碳酸钠溶液对病毒的消毒作用也较好。

（二）流行病学特点

口蹄疫病毒可感染多种动物，自然发病的动物常限于偶蹄兽，新流行区内奶牛的发病率经常高达 100%。

患病动物和移动的畜产品是本病的最主要传染源，占疫源的 70%～80%。一旦进入流通领域，可造成跳跃式、持续不断的发病，危害极大。奶牛感染后 9 小时至 11 天开始向外排毒，呼出气体、破裂水疱、唾液、乳汁、精液、粪便和尿液等分泌物和排泄物中均带毒，病愈后动物在一定时间内可以携带病毒。通常病牛带毒时间可达 4～6 个月，但有时康复 1 年后仍然带毒而引起本病的传播。如机械附着在皮毛上的病毒仍可成为传染源，特别是在蹄部角质下面缝隙中包藏的病毒可长达数日，个别病例达 8 个月之久。屠宰后通过未经消毒处理的肉品、内脏、血液、皮毛和废水可广泛地远距离传播本病。

本病可经同群动物间进行直接接触传播，但各种传播媒介的间接传播是最主要的传播方式。如经消化道感染，亦能经伤口甚至完整的黏膜和皮肤感染。空气也是一种重要的传播媒介，甚至能引起远距离的跳跃式传播。

本病一年四季均可发生，没有明显的季节性。但气温和光照强度等自然条件对口蹄疫病毒的存活有直接影响，而且不同地区的自然条件、交通状况、生产活动和饲养管理等不尽相同，因此在不同地区的流行还有一定的季节性差异。有的国家存在 3～5 年一小发、7～8 年一大发的流行规律。亚洲是口蹄疫的重灾区，我国的许多邻国几乎不分季节的发生。

(三)临床症状

口蹄疫的临床症状以发热和口、蹄部出现水疱为共同特征,表现程度因动物种类、品种、免疫状态和病毒毒力不同而有所区别。幼畜常突然死于急性心力衰竭。

自然感染牛的潜伏期为2～5天;而人工感染一般为1～2天,但也有报道称潜伏期长达2～3周。病牛体温高达40℃～41℃,犊牛尤为显著。病牛精神不振,食欲减退,产奶量突然下降。口腔黏膜潮红,几分钟后在唇内面、齿龈、舌面和颊部黏膜上出现直径1～2厘米的白色水疱。随后水疱迅速增大,并常融合成片,大的有鸡蛋大小。水疱易于破溃,液体溢出,露出红色糜烂区,而后被新鲜上皮覆盖,在一定时间内仍可见到微黄色伸至棕色的瘢痕。水疱破裂后,形成痂块,8～14天愈合。病牛疼痛,跛行,呆立或卧地不起。水疱痊愈后,瘢痕可保留数周。严重的病例,由于水疱延伸至蹄匣内,使真皮与角质分离,导致角质蹄匣脱落。奶牛发病时,乳头上出现鸽蛋大小的水疱,若发生乳房炎,产奶量下降1/8～3/4,整个泌乳期都受到影响。犊牛的口蹄疫主要表现为心肌炎和胃肠炎,心率快、心悸亢进,口腔水疱和糜烂明显,但蹄部和皮肤水疱症状不明显。全身症状以高热、衰弱为主,常见腹泻,视诊病犊精神尚好,但听诊心音亢进者常在1～2天内死于心肌炎。犊牛恶性型口蹄疫的死亡率高达50%～70%。成年牛的症状较轻,多取良性经过。但妊娠母牛经常流产。若无继发细菌感染,致死率一般在3%以下。

(四)病理变化

病理剖检变化主要是上消化道和无毛部皮肤同时发生水疱,如唇内面、齿龈、齿垫、舌背、舌侧面、舌系带附近、颊部、鼻黏膜、鼻镜、食管黏膜、眼结膜、咽壁和支气管黏膜等,小的如豆粒大,大的如鸡蛋大，且因疱膜较厚而起伏不平。在瘤胃肉柱沿线常见水疱。蹄部常沿蹄冠缘和指(趾)间皮肤发生小水疱并迅速扩大，大如榛实。奶牛的乳头皮肤经常发生水疱，有时可见于乳房的无毛部皮肤。1～2天水疱破裂，露出鲜红色糜烂斑。口蹄疫常因继发细菌感染而使病情恶化，患部化脓坏死，可引起蜂窝织炎、败血症。蹄部水疱延伸入蹄匣下，使皮肤基部与角质分离，导致蹄匣脱落。恶性口蹄疫可引起成年牛和犊牛大量死亡，死因不是因为继发性细菌感染，而是由病毒本身引起心肌病变而致死，水疱居次要地位。主要病理变化见于心肌和骨骼肌，在成年牛骨骼肌比心肌变化明显；在犊牛则相反，心肌变化严重而骨骼肌变化轻微。心肌浑浊呈暗灰色，质地松软，常呈扩张状态，尤以右心室明显，在黄红色心肌内散在灰黄色或灰白色斑点或条纹状病灶。在心肌外膜和心内膜下，以及切面上均可见到上述病灶。主要散布在左心室壁和室中隔，状似虎皮斑纹，故通常称为虎斑心。

(五)诊　断

主要根据流行病学特点、临床症状、病理变化可确诊。实验室诊断可进行病原分离、动物试验、血清学诊断等。

因能引起奶牛口腔、乳头上出现水疱的疾病较多，故应做好鉴别诊断，尤其要注意与水疱性口炎、牛痘、牛瘟的鉴别诊断。

(六)防控与扑灭措施

第一，未发病场应严格执行防疫消毒措施，每年坚持2～4次疫苗接种(兔化弱毒苗、鼠化弱毒苗、灭活苗、基因工程亚单位苗、合成肽疫苗、重组活疫苗、核酸疫苗等)。已经消毒的车辆、器具，特别是奶牛场的运奶桶等，在奶站很容易被污染，进场时必须再消毒，杜绝一切病原体传入场内。

第二，当口蹄疫暴发时，必须立即上报疫情，确切诊断，划定疫点、疫区和受威胁区，并分别进行封锁和监督，禁止人、动物和物品的流动。在严格封锁的基础上扑杀病牛，并对其进行无害化处理；对剩余的饲料、饮水、场地、污染的道路、牛舍、产品和其他物品进行全面严格的消毒。

对受威胁的牛只立刻进行紧急接种预防，并密切观察牛群情况。

当疫点内最后1头病牛被扑杀后，3个月内不出现新病例时，上报上级机关批准，经终末彻底大消毒后，可以解除封锁。

二、牛传染性鼻气管炎

牛传染性鼻气管炎又称牛传染性脓疱性外阴-阴道炎、坏死性鼻炎、红鼻病，是由牛疱疹病毒Ⅰ型引起的牛的急性、热性、接触性传染病。在临床上表现为多种病型，主要以化脓性鼻气管炎和发热为特征，也能引起脓疱性外阴-阴道炎、结膜炎、肠炎、流产、脑炎、乳房炎等多种病型。本病最初发生于欧洲，由于极易传播，现在已分布于世界各地。本病对奶牛的产奶量、公牛的繁殖力等有较大影响，而且急性的呼吸道感染可继发致病性细菌性肺炎，是造成奶牛经济损失的主要原因之一。

（一）病原体

牛疱疹病毒Ⅰ型属于疱疹病毒科的单纯疱疹病毒属成员，病毒粒子为对称正20面体，有囊膜，对氯仿和酸敏感。

（二）流行病学特点

迄今为止，世界各大洲都有发生牛传染性鼻气管炎的报道。我国部分地区的中国荷斯坦牛等偶蹄家畜均有牛传染性鼻气管炎病毒感染。本病的感染谱较窄，自然宿主是牛，并且多见于肥育牛和奶牛，其中以 20～60 日龄的犊牛最为易感，病死率也高。

病牛和带毒牛是本病的主要传染源和宿主。病牛呼吸系统的分泌物，通过呼吸、飞沫、唾液而排毒，结膜通过眼分泌物感染，生殖系统分泌物同样通过污染环境而散毒，也可以经病牛间的直接接触感染、交配传染和胎盘感染。受本病毒感染的牛，在临床症状消失后仍可不定期排毒，特别是隐性经过的种公牛危害性更大，使病毒在牛群中无法根除。病牛有持久的潜伏期和长时间地间歇性排毒，带毒牛往往因应激反应而排毒，在自然界形成感染链。

本病在秋冬寒冷季节较易流行，特别是舍饲的大群奶牛。在环境较差又密切接触的条件下，更容易迅速传播。一般发病率为 20%～100%。奶牛继发性流产有时高达 50%，死亡率为1%～12%。

(三)临床症状

根据临床表现形式可分为 3 个亚型，通过限制性内切酶分析进行鉴定。亚型 1 主要引起呼吸道感染，亚型 2 主要引起呼吸道和生殖道感染，亚型 3 主要引起神经感染。所有毒株，包括弱毒活苗以潜伏状态存在于临床表现正常的动物体内，潜伏感染被激活后，病毒会再次排到呼吸道、眼、生殖道分泌物和血清中。

自然感染有多种临床表现而且症状轻重差别很大。其中较为多见的病型是呼吸道感染，伴有结膜炎、流产和脑膜脑炎；其次是脓疱性外阴-阴道炎或龟头-包皮炎。病毒感染后潜伏期一般 4～6 天，病程主要取决于感染的严重程度，一般 4～8 天。轻症不易见到症状，但某些呼吸道感染的病牛可在发现症状后几小时就发生死亡。

呼吸道感染是最常见的症状，多发于冬季，病情轻重不一。牛病初发热（40℃～42℃)，精神不振，厌食，呼吸急促、困难并伴随鼻腔和气管有浆液性或脓性分泌物流出，鼻孔张开，偶尔局部气管阻塞导致张口呼吸。鼻甲骨和鼻镜充血并变红，又称红鼻子病。有些呼吸型病牛合并发生结膜炎，病初由于眼睑水肿和结膜高度充血、流泪，角膜轻度浑浊，无明显的全身变化。重症病例，可见结膜形成灰黄色针头大颗粒，致使眼睑粘连或结膜外翻，眼分泌物为脓性。肺部听诊一般只发现肺泡音增强或有闭塞音，如为啰音或其他肺音，应考虑为其他呼吸道疾病或者并发症。

犊牛发生脑膜炎时，病初表现流鼻液、流泪、呼吸困难等症状，3～6天后可见肌肉痉挛，兴奋或沉郁，共济失调，偶尔转圈。角弓反张，病程短，此类型发病率低，死亡率高。

引起的传染性脓疱外阴-阴道炎的初期症状轻微不易发现。潜伏期短，通常为1～3天。如果病情严重可形成会阴水肿和黏脓性分泌物流出，病牛时常举尾，排尿时有痛感。检查可发现阴道和阴户黏膜上有大量白色坏死的脓疱和斑块，脓性分泌物聚集在阴户底部。

妊娠母牛感染后，一般于妊娠的5～8个月流产，流产前症状不明显，流产胎儿不见有特征性肉眼病变。

（四）病理变化

特征性病变见于严重呼吸道感染的病牛。呼吸系统中鼻和气管炎症是本病最常见的病变。在鼻镜、鼻腔、咽、喉、气管和较大的支气管均呈卡他性炎症变化。黏膜高度充血、潮红、肿胀，有出血斑、出血点和散在的灰黄色小豆粒大的脓疱，破溃后形成糜烂和溃疡，表面有干酪样伪膜覆盖。呼吸道内的分泌物由浆液性很快发展成为黏液性、纤维性和脓性，这种分泌物大量蓄积，往往阻塞气管，造成呼吸困难，咽、喉部的伪膜和渗出物导致吞咽困难。重症病例鼻镜干燥，形成结痂，痂皮脱落露出的组织因高度充血而呈鲜红色（红鼻病）。内脏器官可见化脓性肺炎，脾脏脓肿，肝脏表面和肾脏包膜下具有灰白色或灰黄色的坏死灶，皱胃黏膜发炎、溃疡以及大、小肠出现卡他性肠炎。急性死亡的犊牛可见肺气肿，慢性病例往往由于继发细菌感染引起化脓性肺炎。

结膜炎初期眼睑水肿，结膜高度充血，大量流泪后转变成脓性分泌物，严重者结膜上可见大小不等的呈淡黄色颗粒状隆起的炎症灶，同时可见针尖至粟米大出血点，有时眼睑粘连、闭锁或结膜外翻。但一般不形成溃疡，临床上多数病牛缺乏明显的全身反应。

在脓疱性外阴-阴道炎病例，局部黏膜出现小脓疱和化脓性病变，会阴部水肿，有黏液性分泌物。阴唇和阴道黏膜特别是阴道前庭黏膜潮红、肿胀，散在大头针帽至小米粒大灰白色透明水疱，以后变成脓疱，脓疱破裂后形成糜烂和溃疡，黏膜表面附着大量黏液样渗出物，重者黏膜表面形成弥漫性干酪样假膜。在阴道和子宫黏膜上可见点状、条纹状出血，附着大量黏脓性无臭分泌物，局部淋巴结肿胀。

脑膜脑炎多见于犊牛和青年牛，6 个月以上牛少见。中枢神经系统出现非化脓性脑炎和脑膜炎变化，除脑膜轻度充血外，眼观上无明显变化。

（五）诊　断

根据本病的流行病学特点、临床症状和病理变化等可进行初步诊断。在新疫区要确诊本病必须进行病毒分离鉴定和血清学诊断。

（六）防控与扑灭措施

第一，潜伏感染和长期排毒成为消灭和根除本病的主要问题。预防本病应在加强饲养管理的基础上，加强冷冻精液检疫、管理和引进制度。

第二，在生产过程中，应定期对牛群进行血清学检测，发现阳性感染牛应及时淘汰。

由于本病缺乏特效的治疗药物，一旦发病应根据疫情的具体情况采取封锁、检疫、扑杀病牛和感染牛，并结合消毒等综合性措施扑灭疫病。但若是老疫区，则通过隔离病牛，消毒污染牛棚，应用广谱抗生素治疗等方法来防止细菌继发感染，再配合对症治疗来促进病牛的痊愈。

第三，在疫区或受威胁牛群可对未被感染牛进行弱毒疫苗或油佐剂灭活疫苗的免疫接种。通常犊牛在 6 月龄时进行疫苗接种，其免疫期可达 6 个月以上。病愈康复牛可获得坚强的免疫力。但灭活苗与弱毒苗有其不可避免的缺点，因此国际上正推荐使用安全、有效的基因缺失苗、亚单位疫苗、DNA 疫苗等。

三、恶性卡他热

恶性卡他热是由恶性卡他热病毒引起的一种急性传染病，临床上以发热、全眼球炎以及消化、呼吸、泌尿系统黏膜的炎症和神经症状为特征。本病虽然发病率较低，一般呈散发，但死亡率高。

(一)病 原 体

恶性卡他热病毒属于疱疹病毒科、疱疹病毒亚科的成员，病毒由包含有脱氧核糖核酸的衣壳和囊膜组成，抵抗力不强，对乙醚敏感，在 4℃条件下贮存仅能存活几天。

(二)流行病学特点

各种品种和性别的牛对本病都易感。4 月龄以下的牛发病少，6 月龄至 4 岁的牛发病多。除牛以外，野鹿也发生恶性卡他热，症状与牛相似；绵羊为隐性带毒者，当病毒排出后对牛具有感染性。当牛直接接触到已感染的绵羊时，即可发病。还有人认为节肢动物在本病的传播中起一定作用。一年中任何时间都可发病，季节性不明显。饲养管理不良或应激因素存在时，如分娩、运输等，可造成病毒传播。

（三）临床症状

潜伏期长短不定，为 9 天至 9 周。根据发病缓急，临床上可分为最急性型、急性型和慢性型。

最急性型病牛体温升高至40.5℃～42.2℃，精神沉郁，衰竭，当呈严重的毒血症时，多于 1～2 天内死亡。

急性型病牛体温升高至40.5℃～42.2℃，呈稽留热型。精神沉郁，食欲废绝；鼻镜干燥、充血、潮红、出血、糜烂；鼻腔黏膜充血、肿胀，鼻分泌物初呈浆性，后呈黏性、脓性并混有血液；口腔黏膜充血、发绀，齿龈、硬腭、颊部呈多发性小糜烂灶；呼吸困难。有时出现结膜炎和全眼球炎，流泪、羞明，眼分泌物呈脓性。角膜水肿、浑浊、溃疡。病牛腹泻。排尿痛苦，出现尿淋漓、尿频和血尿。有的病牛极度兴奋，磨牙，大声哞叫，攻击饲养员和其他牛；极度脱水，明显消瘦。由于全身性脉管炎和组织器官的损伤，经 1～4 天死亡。

慢性型多由急性转变而来，病程长达数周。病牛高热、流涎和厌食，口、鼻黏膜糜烂，并覆以痂皮。眼、颈、角根和乳房等处皮肤上出现红斑和湿疹样皮炎，蹄匣、角和被毛脱落，双侧性眼色素层炎、角膜炎。

（四）病理变化

剖检可见皮肤病变部位充血与湿疹。角膜浑浊、溃烂。鼻镜、鼻腔干燥结痂，去除痂皮，则留下广泛的糜烂和溃烂面。口腔、咽、食管、前胃、皱胃和肠充血、出血甚至糜烂。淋巴结肿大，尤以头部明显。膀胱出血、水肿。肝脏、肾脏变性、肿大。脑膜水肿。

(五)诊　断

根据流行病学特点、症状和病理变化可做出初步诊断,确诊需进行实验室检查,包括病毒的分离培养鉴定、动物试验和血清学诊断等。血清学诊断有病毒-血清中和试验、补体结合试验、间接免疫荧光试验、琼脂扩散试验、间接酶联免疫吸附试验等。

本病有时易与牛瘟、牛病毒性腹泻-黏膜病、口蹄疫、蓝舌病等相混淆,应注意鉴别。

(六)防控与扑灭措施

目前,本病尚无特效防治方法,疫苗尚处于试用阶段。发病后及时做好隔离工作和牛舍消毒工作,以防疫情进一步扩散。治疗主要采用对症治疗和支持治疗。

四、牛病毒性腹泻-黏膜病

牛病毒性腹泻-黏膜病是由牛病毒性腹泻-黏膜病病毒引起的一种急性、热性传染病,也叫黏膜病或牛病毒性腹泻。本病呈世界性分布,1980 年后传入我国,在部分地区牛群中有流行。

(一)病 原 体

牛病毒性腹泻-黏膜病病毒属于黄病毒科、瘟病毒属,是一种有囊膜的单股正链 RNA 病毒。病毒粒子呈球形,直径为 40～60 纳米。

(二)流行病学特点

本病的自然宿主是家养和野生的反刍兽和猪,自然感染仅见于奶牛、黄牛、水牛、牦牛等,无明显的种间差异。感染率很高,约

70%的2岁以上牛有抗体存在。有资料表明,本病毒可以在不同反刍动物之间互相感染,尤其表现为无临床症状却终生排毒的持续感染动物。患病动物和带毒动物是主要传染源。

本病可经直接接触或间接接触途径传播,主要是经消化道和呼吸道感染,如食入被污染的饲料和饮水。也可由于吸入病畜排出的带毒飞沫而感染,还可经胎盘发生垂直感染,犊牛出生后,即成了被感染牛,死亡率很高。康复牛不断排毒,是本病的主要传染来源。病毒血症期的公牛精液中带毒,可通过自然交配或人工授精感染母牛。持续感染的牛可终生带毒、排毒,康复牛可带毒6个月,成为重要的传染源。

本病呈地方性流行,牛不论大小均可发病,尤以6～18月龄的牛易发。本病发生通常无季节性,但多见于冬季和早春,自然病例常年均可发生。本病在新疫区急性病例多,在封闭式牛群中可呈暴发式,犊牛急性病例可达25%,病死率为90%～100%。在老疫区只见散发病例,大多数呈隐性感染,感染率达50%以上。有些慢性病例呈持续感染,不产生抗体。

(三)临床症状

1. 急性型 急性病例发病率高、致死率低,常见于幼犊,死亡率也高于年龄较大的牛。急性病例多于15～30天死亡,在临床上可呈隐性感染或腹泻。常突然发病,体温升高达40℃～42℃,持续2～3天。病牛厌食,精神委顿,心率加快,呼吸促迫,流涎或剧烈干咳。此时,本病难与其他呼吸道传染病相区分。随后,体温再次升高,常于发热后2～4天发生腹泻。一般粪便为水样,有恶臭,含有黏液和血液,这种特征性的腹泻会持续3～4周或间歇持续数月。口腔黏膜出现糜烂,之后糜烂融合成大片坏死,常见于唇内、齿龈、龈垫、硬腭的后部以及口角和舌上。重病例整个口腔呈煮熟样,有灰白色的坏死上皮覆在粉红色的肉面上,病牛大量流涎。鼻镜也有同样的病变，损害逐渐融合并覆有痂皮。有些病牛会继发蹄叶炎和指(趾)间皮肤糜烂、坏死；有的病牛康复快，黏膜损害在10～14天内痊愈。

2. 慢性型 研究表明，慢性型是持续感染的继续。表现为间歇性腹泻，并出现里急后重。后期便中带血，并有大量的黏膜，可在发病几周或数月死亡，死亡率可达90%。病毒经胎盘可垂直感染4个月的胎儿造成持续感染。大多数持续感染的牛在临床上是正常的，但有的可出现早产、生长缓慢和发育不良等症状，对疾病的抵抗力下降。慢性型很少出现体温升高，最常见的症状是鼻镜糜烂，眼有浆液性分泌物，门齿齿龈发红，跛行，可在发病几周或数月后死亡。病牛血清中可检测到大量病毒，但检测不到抗体或抗体水平很低。

(四)病理变化

食管黏膜腐烂是本病的特征。鼻镜、鼻孔出现糜烂和浅溃疡，齿龈、上腭、舌侧面和颊黏膜也有糜烂，严重的病例在咽、喉头黏膜出现弥漫性坏死。瘤胃黏膜偶见出血和糜烂，皱胃出现炎性水肿和糜烂，肠壁水肿增厚，肠集合淋巴结上有出血小凝块，小肠呈急性卡他性炎症。盲肠、结肠、直肠有卡他性、出血性、溃疡性以至坏死程度不同的炎症。流产胎儿的口腔、食管、皱胃和气管内有出血斑和溃疡。肾脏有散在的大小不等的出血斑。指(趾)间皮肤和全蹄冠有急性糜烂性炎症、溃疡和坏死。运动失调的犊牛，严重的可见到小脑发育不全和两侧脑室积水。

(五)诊　断

综合病史、临床症状以及病理变化可对本病做出初步诊断，尤其要根据口腔、食管的特征性病变进行判断，而进行病毒鉴定和血清学检查是确诊本病的必须手段。

病原学诊断是国际贸易指定的检测手段，血清学诊断通常用中和试验和琼脂扩散试验检测抗体。酶联免疫吸附试验是检测或监测牛群中病毒抗体水平和潜伏感染情况的一种常规技术。

（六）防控与扑灭措施

本病尚无特效治疗方法，对症治疗和加强护理可减轻症状，应用收敛法和补液疗法可缩短恢复期。

做好平时的检疫工作，防止病牛的引进，发病牛隔离治疗或急宰，对防止本病的扩大和蔓延至关重要。

对受威胁的健康牛群可应用弱毒疫苗和灭活疫苗进行免疫接种。目前常用的弱毒疫苗为牛病毒性腹泻-黏膜病、牛传染性鼻气管炎和钩端螺旋体病三联疫苗。也可选用国外一些厂家生产的多联疫苗。灭活苗虽对牛只有60%的免疫力，但对妊娠牛安全，也无毒力不稳定和免疫抑制问题，可以采用加强免疫的方法提高免疫力。

五、牛海绵状脑病

牛海绵状脑病俗称“疯牛病”，是动物传染性海绵状脑病中的一种，为牛的一种慢性、传染性、致死性的神经系统疾病。其病原体为一种被称为朊病毒的具有传染性的蛋白颗粒。朊病毒感染的特点是脑组织呈海绵状变性，最终导致脑萎缩和脑坏死。1984年4月份在英国首次发现本病，2001年2月份联合国粮农组织公告，目前全世界有100多个国家面临本病的威胁，其威胁范围已涉及欧洲、中东和亚洲，国际贸易中肉骨粉的进出口加重了这一疾病的蔓延。由于本病是一种人兽共患病，一旦发生，所造成的直接和间接经济损失将无法估量，因此是世界各国口岸动植物检疫部门重点防范的传染病之一。

(一)病 原 体

引起牛海绵状脑病的病原体是一种特殊的病原体即朊病毒，朊病毒除能引起牛的海绵状脑病外，还能引起人的库鲁病、克雅氏病、格-史氏综合征和致死性家族失明症。发生于动物的绵羊痒病、貂的传染性脑病以及黑尾鹿和麋鹿的慢性消耗病等统称为朊病毒病。

一般认为朊病毒的化学本质是蛋白质，但朊病毒并不是真正意义上的病毒，而是一种蛋白质侵染颗粒，在电子显微镜下看不到病毒颗粒，也不形成包涵体，但能看到痒病的相关纤维。

朊病毒对各种理化因素有较强的抵抗力，在134℃～138℃高温下作用 30 分钟也不能将其完全灭活；室温下可在 0.004%～0.0048%甲醛溶液中存活 28 个月；在 2%～5%次氯酸钠或 90%石炭酸溶液中经过 24 小时才能被灭活。但对一些蛋白变性剂(如尿素、苯酚等)比较敏感。朊病毒无免疫原性，机体感染后不发热，也不发生炎症反应，不产生免疫应答。病原感染部位为脑、脊髓和视网膜等组织。

(二)流行病学特点

牛海绵状脑病的潜伏期为 2～8 年，平均为 4～5 年，牛开始发病的年龄一般为 3～5 岁，最早的为 22 月龄，最晚的为 17 岁，2 岁以下和 6 岁以上的牛很少发生。许多动物(如羊、猪、猫、金丝猴等)都可感染本病，其感染性无性别、年龄和遗传特异性。目前发现，被病原体污染的肉骨粉是导致本病流行的主要原因，牛粪也是一个病原传播途径。另外，也初步发现可能有一定的母源传播性。

牛海绵状脑病与新近出现的人的新型克雅氏病有必然的联系，其病理变化和牛海绵状脑病十分相似。克雅氏病主要发生于青年人，早期的主要症状是行为改变、感觉失常、共济失调。人食入被感染的牛肉等产品是引发克雅氏病的主要原因。

(三)临床症状和病理变化

病牛体质下降,产奶减少,体温偏高,心动徐缓,呼吸加快,但血液生化指标无明显异常,很多病牛食欲仍然良好。主要的神经症状有恐惧、神经质、狂暴,具有攻击性;共济失调、站立困难、步态不稳、头部和肩部肌肉震颤、后肢伸展过度;感觉异常,对声音、触摸、气味等感觉敏感。

内脏等组织器官的肉眼病理变化不明显。组织学观察可见脑组织发生海绵样变性。另外,脑组织还有淀粉样变性。50%的神经元变性消失,这是牛海绵状脑病的又一病理变化特点。电镜下可发现病牛脑组织中出现一种管丝状颗粒。

(四)诊　断

主要根据临床症状、组织病理学变化、脑电图、电镜观察管丝状物以及免疫学等方法对牛海绵状脑病进行确诊。临床症状和脑电图主要用于生前诊断。在免疫学诊断方法中,免疫转印法和免疫组化法对牛海绵状脑病的诊断有较高的准确性。

上海出入境检疫局和上海农业科学院用聚合酶链式反应检测牛的特异基因片段,以此来鉴定肉骨粉中是否有牛海绵状脑病病原,这种方法特异性强、结果稳定,灵敏度达 0.1%,是一种比较先进、准确的检测方法。

(五)防控与扑灭措施

目前,对牛海绵状脑病还缺乏全面、深刻地认识研究,尚无有效的防治办法和疫苗,一旦发现患牛海绵状脑病的牛和患绵羊痒病的羊,对患畜、后代和与患畜有过紧密接触史的牛、羊必须进行迅速扑杀和焚烧。

加强口岸检疫,防止引进病畜和带毒的肉骨粉。禁止用反刍动物肉骨粉及其他组织制成添加剂喂牛。严格禁止从牛海绵状脑病发病国家进口活牛(胚胎、冻冰精液)、牛肉、牛肉制品和饲料。

六、炭　疽

炭疽是由炭疽杆菌引起的多种家畜、野生动物和人的一种急性、热性、败血性传染病,临床上以脾脏肿大,皮下和浆膜下结缔组织的浆液性、出血性浸润为特征。

本病在世界各国几乎都有分布,一直是危害人类和家畜的一种古老的烈性传染病,同时又是职业病,人多因接触病畜及其产品或食入病畜肉类而发生感染。

(一)病 原 体

炭疽杆菌是革兰氏阳性大杆菌,在培养基上生长呈紧密排列的长链状(像竹节),而在动物体内呈短链状,末端钝圆,有清晰的荚膜。炭疽杆菌能在15℃～40℃的需氧环境中形成芽孢,而在活体中不形成芽孢。芽孢有很强的抵抗力,可在干燥的高氮碱性土壤中存活数十年。因此,病畜排出物或病死动物组织可污染土壤,并使本病菌在一定的地理环境中存活,这有可能造成本病的散发。在潮湿的环境中,当温度高于15.5℃时可促进芽孢发芽增殖;污染土壤变干燥时生长的炭疽杆菌便形成芽孢。

在污染的土地上放牧时,牛会食入芽孢并在体内形成增殖体。口腔黏膜和消化道黏膜的损伤可形成局部炭疽肿,随后炭疽杆菌进入淋巴管,最终导致菌血症。局部炭疽可能发生在皮肤伤口,人皮肤感染称为恶性炭疽痈。吸入芽孢是较少见的感染方式,但可发生在人和动物,并会造成死亡。疫区动物的副产品,如皮革、屠宰场的下脚料、骨粉等常带有炭疽杆菌或芽孢,当动物和人与这些物品接触时，就有被感染的危险。吸血昆虫可传播本病。

（二）流行病学特点

草食动物对炭疽杆菌最易感，其次是肉食动物。传染源主要是患病动物，其排泄物、分泌物和尸体中的病原体一旦形成芽孢，污染周围环境、牛舍、运动场、河流、牧场、草场后，在土壤中长期存活而成为长久的疫源地，随时可传播给易感动物。炭疽杆菌芽孢形成的疫源地一般难以根除，目前在许多国家和地区都有本病的流行。

（三）临床症状和病理变化

最急性炭疽感染可导致病牛突然死亡，因而易与其他原因引起的突然死亡相混淆。急性炭疽死亡的牛，天然孔流出血染的液体或暗红色的液体，易与后腔静脉血栓形成、出血性皱胃溃疡、砷中毒或最急性沙门氏菌病造成的死亡相混淆。最急性炭疽可引起病牛发热、食欲废绝和生产性能降低，精神沉郁，粪便、尿液、牛奶和鼻腔分泌物中有血液存在。出现心动过速和呼吸困难，也可能出现神经症状。感染牛病初 1～2 天内躺卧，最后休克、死亡。依据症状和天然孔出血而怀疑为炭疽时，在其他试验排除炭疽以前，禁止尸体剖检。炭疽的主要病变为脾脏肿大，大面积浆膜出血，体腔液中有血液，天然孔分泌物为黑色或黑红色。

（四）诊　断

当尸体新鲜时，可从颈静脉、乳房静脉或耳静脉收集血液，进行细胞学检查和细菌培养。也可应用其他血清学试验，如免疫荧光抗体技术和酶联免疫吸附试验。对病死牛进行鉴别诊断时，认为可能是炭疽时，专业剖检者应戴手套、口罩，穿工作服，在严格的安全保护下才准许剖检。诊断为炭疽的病例应报告兽医管理机构以便检疫和尸体处理。

(五)防控与扑灭措施

发生炭疽时应立即上报疫情并封锁发病场所。禁止动物、动物产品和草料出入疫区,禁止食用病牛的奶、肉等。合理处理病牛及其尸体,尸体依法焚烧,也可覆盖生石灰或20%漂白粉后深埋。周围假定健康群应立即进行紧急免疫接种,可疑牛用敏感药物防治,如青霉素、土霉素、链霉素和磺胺类药物。牛发病后病程短促,故常在必要时进行预防性给药。

全场彻底消毒,污染的地面连同15~20厘米厚的表层土一起取下,加入20%漂白粉溶液混合后深埋。污染的饲料、垫料、粪便焚烧处理。牛舍地面和墙壁用20%漂白粉溶液或10%烧碱水喷洒3次,每次间隔1小时,然后用清水认真冲洗,干燥后火焰消毒。在最后1头病牛死亡或痊愈14天后,若无新病例出现,可报请有关部门批准,并经终末消毒后解除封锁。

由于炭疽的疫源地一旦形成难以在短期内根除,因此对炭疽疫区内的易感动物,每年应定期进行预防接种。常用的菌苗有无毒炭疽芽孢苗或炭疽二号芽孢苗,接种后14天产生免疫力,免疫期为1年。

(六)公共卫生

人对本病也易感,人感染炭疽后根据感染途径一般分为3种类型。

1. 皮肤炭疽 主要经皮肤伤口感染。临床表现为感染处先有蚤咬样红肿小块,随后变为无痛性麻木丘疹,再变成浆液性或血性水疱,最后结成暗红色痂皮。周围组织红肿,附近淋巴结肿大、疼痛。

2. 肺炭疽 多为羊毛、鬃毛、皮革等加工厂的工人,由于吸入带有炭疽芽孢的尘埃而引起。病程急骤，早期有恶寒、发热、咳嗽、咯血、呼吸困难、紫绀等症状，救治不及时可引起死亡。

3. 肠炭疽　常因食入患病动物的肉、奶等所致。发病急，出现发热、呕吐、腹泻、血样便、腹痛、腹胀和腹膜炎等症状。

七、结核病

结核病是由结核分枝杆菌引起的一种人兽共患慢性传染病，特征是病程缓慢、渐进性消瘦、咳嗽、衰竭，并在多种组织器官形成结核结节，继而结节中心干酪样坏死或钙化。

结核病曾广泛流行于世界各国，以奶牛业发达国家最为严重。由于各国政府都十分重视结核病的防治，一些国家已有效地控制或消灭了本病，但在有些国家和地区仍呈地区性散发和流行。我国结核病疫情压力较大。由于执行本病控制措施消耗大量的人力、物力，从而造成的经济损失也是巨大的。

（一）病原体

本病的病原菌为结核分枝杆菌，是分枝杆菌属的一群细菌。根据致病性，结核杆菌可分为人型、牛型、鼠型、冷血动物型和非洲型分枝杆菌等 5 型。人型菌是人类结核病的主要病原菌，亦可使猴、犬、猫、牛、马和羊等致病。牛型菌是牛、猪和其他动物的病原菌，亦能使人致病。人的痰中分离出的劣势抗酸菌，属于人型和牛型菌的中间型。

结核分枝杆菌是直或微弯的细长杆菌，两端钝圆。牛分枝杆菌比人型短而粗，菌体着色不均匀，常呈颗粒状，革兰氏染色阳性。结核分枝杆菌用苯胺类染料染色后，不易为酸性脱色剂脱色，故又称抗酸杆菌。

由于结核分枝杆菌细胞壁中含丰富的蜡脂类，因此对外界环境的抵抗力较强，在室内阴暗、潮湿处能存活半年。特别是对干燥、腐败耐受性强。在干燥的痰中可存活 10 个月，在粪便、土壤中可存活 6～7 个月，在常水中可存活 5 个月，在奶中可存活 90 天，经直射阳光照射 2 小时仍可存活。对湿热抵抗力弱，在60℃～70℃条件下可存活10～15 分钟，在 80℃的水中可存活 5 分钟，煮沸 1 分钟即可杀死。在 70％乙醇溶液、10％漂白粉溶液中很快死亡。碘化物消毒效果最佳，但对无机酸、有机酸、碱类和季铵盐类等具有抵抗力。

本菌对磺胺类药物、青霉素和其他广谱抗生素均不敏感，但对异烟肼、链霉素和对氨基水杨酸等药物有不同程度的敏感性。白及、百部、黄芩等中草药对结核分枝杆菌有一定程度的抑制作用。

（二）流行病学特点

有关资料报道，约 50 种哺乳动物、25 种禽类可患本病。家畜中牛最易感，特别是奶牛，其次是黄牛、牦牛、水牛，猪和家禽亦可患病，羊和单蹄兽极少发病。犬、猫、家兔和豚鼠等均有不同程度的易感性。不同年龄对结核病的免疫力是不同的。不同型分枝杆菌有不同的宿主范围，牛型菌主要侵害牛，亦可感染人、绵羊、山羊、猪和犬。

开放型的病畜是主要的传染源，通过其排泄物或分泌物都可排出细菌，使本病得以传播。主要经呼吸道和消化道传播，也可通过交配感染，但以呼吸道传播为主。细菌随咳嗽、喷嚏排出，飞沫悬浮在空气中，动物吸入后即可感染。饲草、饲料、饮水或乳汁被污染后通过消化道感染也是一个重要的途径，犊牛的感染主要是由吮吸带菌奶而引起。

本病无季节流行性，一年四季均可发生。在规模化奶牛场主要以区域性流行为主，经过多年的努力防控，本病在规模化奶牛场已经得到了较好的控制。饲养管理不良与牛结核病的传染有密切关系，特别是牛舍过于拥挤、通风不良、潮湿、光线不好是造成本病扩散的重要因素。检疫不严格，盲目接种，检出的结核阳性牛不能及时处理，未能从根本上消灭传染源，以及人、畜间相互感染等是造成牛结核病时有发生和流行的主要原因。

（三）临床症状

本病潜伏期长短不一，短者一般为十几天，长者可达数月甚至数年。通常取慢性经过，病初症状不明显，当病程逐渐延长，加之饲养管理粗放、营养不良时，症状逐渐显露。

牛结核病主要由牛型结核分枝杆菌引起，常表现为肺结核、淋巴结核、乳房结核，有时可见肠道结核、生殖器官结核、脑结核、浆膜结核和全身性结核，临床症状随患病器官不同而异。

1. 肺结核　病初食欲、反刍无明显变化，常发生短而干的咳嗽，随着病情的发展，病牛逐渐消瘦、贫血，精神不振，食欲减少，被毛无光。咳嗽逐渐加重、频繁，由病初的短促干咳声，渐变为湿性痛咳，尤其是早晨、运动和饮水后特别明显。有时有淡黄色黏液性鼻液，呼吸次数增加，严重时发生气喘。胸部听诊常有啰音和摩擦音，叩诊有浊音区、痛感和引发咳嗽。病情恶化时可见病牛体温升高（达 40℃以上），呈弛张热型或稽留热型，呼吸更加困难，最后可因心力衰竭而死亡。

2. 淋巴结核　可见于结核病的各个病型，淋巴结肿大，无热痛，常见于肩前、股前、腹股沟、颌下、咽、颈淋巴结等。纵隔淋巴结肿大则可压迫食管，病牛有慢性胀肚症状。

3. 乳房结核　乳房上淋巴结肿大，乳房有局限性或弥散性硬结，无热痛。产奶量逐渐下降，乳汁初期无明显变化，严重时乳汁常变得稀薄如水。由于肿块形成和乳腺萎缩，两侧乳房变得不对称，乳头变形，位置异常，最终产奶停止。

4. 肠道结核　多见于犊牛，表现消化不良，食欲不振，顽固性腹泻,粪便中混有黏液和脓汁。病牛迅速消瘦。

5. 脑与脑膜结核 常引起神经症状,如癫痫样发作或运动障碍等。

(四)病理变化

牛结核病的肉眼病变最常见于肺脏、肺门淋巴结和纵隔淋巴结,其次为肠系膜淋巴结,表面或切面常有很多突起的白色或黄色结节,切开后有干酪样的坏死,有的有钙化现象,刀切时有砂砾感。有的坏死组织溶解和软化,排出后形成空洞。胸腔或腹腔浆膜可见密集的结核结节,这些结节质地坚硬,粟粒大至豌豆大,呈灰白色的半透明或不透明状,即所谓的珍珠病。胃肠黏膜可能有大小不等的结核结节或溃疡。乳房结核多发生于进行性病例,是由血行蔓延到乳房而发生。切开乳房可见大小不等的病灶,内含干酪样物质。

结核病在病理形态上是一种具有特异性炎症变化的传染病。病变随各种动物机体的反应性而不同,可分为增生性和渗出性结核两种,有时在机体内两种病灶同时混合存在。抵抗力强时机体对结核分枝杆菌的反应常以细胞增生为主,形成增生性结核结节,即由多层放射状排列的类上皮细胞和巨噬细胞集结在结核分枝杆菌周围形成特异性的肉芽肿,外周是一层密集的淋巴细胞和纤维细胞,从而形成非特异性的肉芽组织。抵抗力低时,机体的反应则以渗出性炎症为主,即组织呈非特异性炎症变化,有充血、水肿,伴随纤维蛋白渗出,继以中性粒细胞、大单核细胞、少量类上皮细胞和巨噬细胞的浸润。病灶周围亦有此变化,称为结核灶边反应。在增生和渗出反应的基础上,可出现变质反应。组织细胞浑浊肿胀,细胞质发生脂肪变性,细胞核溶解碎裂,直至组织完全坏死为本病的特征性病变。本病的病理演变和愈合方式有消散、纤维化、液化与空洞形成、钙化、空洞闭合和净化空洞等,这些变化主要见于肺脏和淋巴结。

(五)诊 断

根据流行病学特点、临床症状、病理变化可做出初步诊断,确诊仍需进行实验室检验。

病原学诊断可采取患病动物的痰、尿液、脑脊液、腹水、乳汁及其他分泌物等进行分离培养,或取患病动物的结核结节以及病变与非病变交界处组织直接涂片。用萋-尼法做抗酸染色,镜检呈红色的细菌为抗酸菌,其他细菌为蓝色。

结核病灶虽可作为初步诊断依据,但有些疾病也可产生干酪化和钙化病灶,有时不易区别。最确切的诊断,还是分离出结核杆菌。

(六)防控与扑灭措施

第一,对于奶牛场来说,结核病的防治工作应放在首位,主要是采取综合性的防治措施,即加强引进奶牛的检疫,防止引进带菌奶牛;净化污染群,培育健康牛群;加强饲养管理和环境消毒,增强奶牛的抗病能力,消灭环境中存在的病原体等。

第二,坚持自繁自养,防止病牛从外地传入。如要引进,主要以引进冷冻精液为主,必要时可引进少量高产品种犊牛或青年牛进行培育。凡从外地引进的奶牛,必须要有县级以上动物检疫站出具的无奶牛结核病的健康检疫证明,经隔离饲养30天,再进行复检,确认无结核病的奶牛方可与健康牛群混群饲养。

第三,每年用牛提纯结核菌素对牛群进行2次普检,淘汰阳性反应奶牛。本病一般不易根治,且疗程长,医疗费用高,存在感染人的危险性。因此,结核病病牛无治疗价值,也不主张使用菌苗。

每年定期进行2～4次的环境彻底消毒。常用消毒药为10%漂白粉溶液、20%石灰乳、5%甲酚皂溶液、3%甲醛溶液等。挤奶器和装奶容器,每日用热蒸汽消毒,纱布、毛巾等可煮沸消毒。粪便垛成堆进行生物发酵消毒，液体部分用液态氨处理。

第四，对饲管人员进行定期体检，对于患有结核病的职工必须调离工作岗位，以确保安全。一旦牛群发病，所有饲养人员必须进行临时体检。认真执行奶牛场消毒防疫制度，严禁互相串岗，闲杂人员不得随意出入牛场。检疫部门要督促奶牛场及时扑杀病牛，不留隐患，指导、监督消毒和防疫措施的实施。

（七）公共卫生

结核病是一种人兽共患传染病。人结核病的发生，除结核病病人散毒传染外，婴幼儿和体弱多病者常由于饮用了未经彻底消毒的牛奶感染牛型结核杆菌而发病。据报道，从50株分离的结核杆菌中，经鉴定后发现有3株是牛型结核杆菌（占6%），说明牛型结核杆菌感染虽少，但同样亦引起人结核病的发生。人和牛互相感染的现象在结核病防治中应给予充分注意。所以，饮用消毒牛奶是预防人患结核病的一项重要措施。在流行牛结核病的国家中，人类始终受到结核病的威胁，除非消灭牛结核病，否则人类结核病的控制是难以达到理想目标的。

八、布鲁氏菌病

牛布鲁氏菌病是由布鲁氏菌引起的一种传染病。主要侵害生殖系统，以母牛发生流产和不孕，公牛发生睾丸炎、附睾炎、前列腺炎、精囊炎和不育为特征，引起流产是本病的一个特异性临床表现。本病广泛分布于世界各地，引起不同程度的流行。近年来，我国在本病上的防控压力明显增大。

（一）病原体

牛布鲁氏菌病的病原体为布鲁氏菌属的牛种布鲁氏菌。布鲁氏菌属包括6个生物种，19个生物型，即牛种布鲁氏菌1～8型，羊种布鲁氏菌1～3型，猪种布鲁氏菌1～5型，绵羊附睾种布鲁氏菌，犬种布鲁氏菌和沙林鼠种布鲁氏菌。牛种布鲁氏菌也称流产布鲁氏菌。不同种别的布鲁氏菌虽各有其主要宿主动物，但存在相当普遍的宿主转移现象。牛种布鲁氏菌有8个型，以生物型Ⅰ为流行优势种，该菌革兰氏染色为阴性。

(二)流行病学特点

牛布鲁氏菌病广泛分布于世界各地，目前疫情仍较严重。凡是养牛的地区都有不同程度的感染和流行，特别是饲养管理不良、防疫制度不健全的牛场，感染更为严重。患病牛是主要传染源，流产胎儿、胎衣、羊水以及流产母牛的乳汁、阴道分泌物、血液、粪便、脏器和公牛的精液，皆含有大量病菌。病菌排出体外，污染草场、牛舍、饮水和饲料，造成本病的扩散和传播。如当病菌污染了饲料、饮水、乳汁及乳制品时，若消毒不彻底，牛食入了这些污染物后，可经消化道感染；患病公牛与母牛交配，或因精液中含有病菌，通过人工授精可经生殖道感染；病菌通过鼻腔、咽、结膜、乳管上皮和擦伤的皮肤等，可经呼吸道和皮肤黏膜感染。另外，日粮不平衡营养不良、卫生条件差、消毒差等皆可造成机体抵抗力的降低，增加机体的易感性。兽医人员在助产时、配种员在输精时消毒不严，可直接使本病扩散。

(三)临床症状

潜伏期为2周至6个月，病牛多为隐性感染，主要症状是妊娠母牛流产。流产多发生于妊娠的5～8个月，流产后常伴有胎衣滞留，往往伴发子宫内膜炎。流产胎儿可能是死胎、弱犊。产犊后母牛可因胎衣不下、子宫内膜炎，甚至子宫蓄脓致使配种不易受胎导致不孕症。公牛睾丸受侵害，引起睾丸炎和附睾炎，精子生成障碍。

有时病牛发生关节炎、淋巴结炎和滑液囊炎，关节肿痛、跛行或卧地不起，腕关节、跗关节和膝关节均可发生炎症。母牛还有乳房炎的轻微症状。

（四）病理变化

肉眼病变见于胎盘、乳房、睾丸和流产胎儿等。

胎膜水肿，呈胶样浸润。色呈淡粉色，质脆，外附有多量纤维素絮状物。绒毛膜充血、出血，绒毛膜外有黄色、灰黄色絮状物，子叶呈肉色，肥厚糜烂。母子胎盘间有呈污灰色的分泌物，部分母子胎盘粘连。

流产胎儿一般可见皮下肌肉、结缔组织发生血样浆液性浸润，皱胃中有淡黄色、白色黏液和纤维素性絮状物，肠胃和膀胱浆膜下可能有点状和线状出血。胸、腹腔有多量微红色积液，肝脏、脾脏和淋巴结有不同程度的肿胀，并有散在性炎症坏死灶。胎儿和新生犊牛可能见到肺炎病灶。

乳房切面有黄色小结节，实质、间质细胞浸润、增生。

（五）诊　断

牛布鲁氏菌病的发生可根据牛群的流产情况和病牛的临床症状来判定。如果牛群中有大批妊娠牛流产，流产后有胎衣滞留，并出现关节炎等症状，流产胎儿和胎盘又有本病所特有的典型病理变化时，应怀疑发生本病。如果原牛群流产罕见，只是由外来引进新牛之后不久才发生大批流产，也应怀疑发生本病。但单凭流产来判定牛群中布鲁氏菌病的发生是不可靠的，还需做病原学检查和血清学检查才能最后确诊。

血清学检查为目前诊断牛布鲁氏菌病最常用的方法。本病血清学检验方法颇多，在敏感性、特异性和操作程序等方面各有优劣。因此，常按筛选试验和定性试验两个步骤进行检疫。

1. 虎红平板凝集试验　本方法是国内外常用的一种诊断技术，它具有克服非特异性反应和对检查 IgG 抗体敏感的特点。同时，操作简便，能迅速获得结果，因而特别适用于田间试验、筛选诊断和大规模检疫。

2. 试管凝集反应　是临床最常用的方法。人和牛、马、骆驼、鹿等判定标准为凝集价 1∶100 以上者为阳性；羊、猪和犬等凝集价为 1∶50 以上者为阳性。急性期阳性率高，可达 80%～90%；慢性期阳性率较低，可达 30%～60%。可疑反应者在 10～25 小时内应重复检查，以便确诊。

3. 胶体金法快速诊断试纸条　是最新研制试用的一种十分方便、简单、准确性很高的临床快速诊断方法，很有推广价值。

本病应与其他传染性和非传染性原因引起的流产相区别，如滴虫性流产、弯曲菌性流产、病毒性流产、化脓性棒状杆菌感染等。

（六）防控与扑灭措施

加强饲养管理，坚持自繁自养，严格执行牛群全面检疫和淘汰病牛的措施，可以有效降低本病的发生。预防措施包括以下环节：定期检疫，及时隔离病牛；加强防疫消毒制度，消除病原菌的侵入和感染机会；培育健康犊牛。

第一，对健康牛群要加强饲养管理。根据不同生理阶段的营养需要，合理供应饲料，要注意供应矿物质和维生素饲料；搞好环境和牛舍的卫生，给牛提供良好的生活环境，提高奶牛的抵抗力。

第二，对临床流产母牛应隔离饲养，及时查清流产原因。取流产胎儿皱胃内容物进行细菌分离鉴定。应从牛群中挑出阳性可疑者。

第三，每年定期检查 2 次，阳性牛及时隔离、扑杀，并进行全场大消毒。

本病无治疗价值，而且对公共卫生危害巨大。对奶牛来说，目前不提倡使用菌苗进行预防，净化、扑杀是本病的防控要点。

九、牛梭菌性肠毒血症

牛梭菌性肠毒血症是牛的一种急性毒血症，主要由产气荚膜梭菌 D 型引起，在肠道中大量繁殖，产生毒素引起病变。

（一）病 原 体

产气荚膜梭菌过去称魏氏梭菌，是梭状芽孢杆菌属的成员。在自然界分布极广，可存在于土壤、污水、饲料、食物、粪便以及人、畜肠道中，一定条件下，也可引起多种严重疾病。

菌体呈直杆状，两端钝圆。革兰氏染色阳性，多数菌株可形成荚膜。一般消毒药易杀死本菌的繁殖体，但芽孢抵抗力较强。

（二）流行病学特点

产气荚膜梭菌 D 型为土壤常在菌，牛采食被病原菌芽孢污染的饲料和饮水，芽孢便随之进入消化道，其中大部分被皱胃里的酸杀死，小部分存活进入肠道。在正常情况下，细菌缓慢增殖，产生少量毒素。当条件适宜时，毒素大量积聚。高浓度的毒素改变肠道的通透性，使大量毒素进入血液，引起全身毒血症，并损害与生命活动有关的神经元，使牛发生休克而死亡。

（三）临床症状

本病的特点为突然发作，常在眼观症状明显后很快死亡。病状可分为两类：一类以抽搐为特征，另一类以昏迷和静静死去为特征。抽搐型和昏迷型在症状上的差别，主要是由吸收毒素的多少决定。前者在倒毙前，四肢出现强烈的划动，肌肉震颤，眼球转动，磨牙，口水过多，然后头颈显著抽搐，常常在 4 小时内死亡。后者病程不太急，早期症状为步态不稳，后倒卧，同时有感觉过敏、流涎、上下颌“咯咯”作响，随后便昏迷，角膜反射消失。

(四)病理变化

病变常限于消化道、呼吸道和心血管系统。皱胃含有未消化的饲料。回肠的某些区段发红。心包常扩张，内含灰黄色液体和纤维素絮块。肺脏充血和水肿。胸腺常发生出血。

(五)诊　断

可依据本病的临床症状和病理变化，结合流行病学特点做出初步诊断。由于本病系细菌在肠道内产生毒素所致，细菌本身不一定进入血液，同时正常人、畜肠道中常有此菌存在。因此，只有从肠道中分离到毒力强大的细菌时，才具有一定的参考意义。

有效的微生物学诊断方法是肠内容物毒素检查。取回肠内容物(如采集量不够，可采空肠后段或结肠前段内容物)，无菌处理制成悬液，分成 2 份，一份加热(60℃ 30 分钟)，一份不加热，分别注射给家兔或小鼠。如有毒素存在，则不加热组动物常于数分钟或十几小时死亡，而加热组不死亡。

如果想确定致死动物的毒素类别和细菌型别，可进一步做毒素中和保护试验。

(六)防控与扑灭措施

本病虽然是散发性的，但也应注意预防，以免给奶牛业带来损失。在平时的饲养管理中，坚持卫生防疫制度。目前已有肠毒血症菌苗，但免疫期短。对已发病的牛场，除做好消毒和环境卫生外，对全群牛进行预防性投药。磺胺间甲氧嘧啶，50 毫克/千克体重，内服，每日 2 次。

对已有发病预兆的奶牛，用 5%～10%葡萄糖注射液、庆大霉素、维生素 C、安钠咖进行静脉注射。

十、牛副结核

牛副结核又名副结核性肠炎，是由副结核分枝杆菌感染而引起的一种慢性传染病。特征是间歇性或持续性的顽固性腹泻和渐进性消瘦，以及增生性肠炎导致肠黏膜呈脑回状增厚。

本病已广泛存在于世界各地，其中以奶牛业和肉牛业发达的国家和地区受害最重。我国于 1953 年首次报道有本病的存在。

（一）病 原 体

本病病原体为副结核分枝杆菌，多数为棒状小杆菌，革兰氏染色阳性，抗酸染色阳性。该菌主要存在于患病动物和隐性感染动物的肠壁黏膜、肠系膜淋巴结以及粪便中，多成团或成丛排列。本菌有典型牛型菌株、绵羊型菌株和色素型菌株等 3 个不同株系。

本菌对热和消毒药的抵抗力较强，在污染的牧场、厩肥中可存活数月至 1 年，在直射阳光下可存活 10 个月。但对湿热的抵抗力弱，60℃ 30 分钟、80℃ 15 分钟即可将其杀灭。此外，3%～5%苯酚溶液、5%甲酚皂溶液 10 分钟可将其灭活，10%～20%漂白粉乳剂作用 20 分钟、5%氢氧化钠溶液作用 2 小时也可杀灭该菌。

（二）流行病学特点

自然感染以牛（特别是奶牛）最为易感，绵羊、山羊次之，鹿、骆驼、马、骡、猪等也可感染。6 月龄内、特别是 1～2 月龄的牛易感。年龄越大易感性则降低，成年牛多在 3～5 岁出现症状。多数牛在幼龄时感染，经过很长的潜伏期，到成年时才表现出临床症状。病牛和带菌牛是主要传染源，可通过乳汁、粪便和尿液排出大量的病原菌。

本病主要经消化道感染。由于细菌的抵抗力较强，可在外界环境中存活很长时间，污染用具、牧地、饮水和草料等，通过消化道侵入健康动物体内引起感染。也有材料证实通过皮下和静脉接种可感染本病。妊娠母牛可经胎盘传染给犊牛。据报道，经胎盘感染的发病率可达 44.5%～84.6%。

本病的流行特点是发展缓慢，发病率不高，病死率极高，并且一旦在牛群中出现则很难根除。在感染牛群中病牛数目通常不多，各个病例的发生和死亡间隔较长。因此，本病表面上看似呈散发性，实际上则为一种地方流行性疾病。感染牛群的死亡率可达 2%～10%，偶尔可增高至 25%。

（三）临床症状

自然感染潜伏期较长，可达 6～12 个月，有的长达 5 年，少于 1 年者少见。当牛妊娠、分娩、泌乳、营养缺乏、突然改变饲养环境、过劳、长途运输等诱因存在时能促进疾病的发展。通常在产犊（特别是第二胎）后数周内出现临床症状。

本病的病程很长，为典型的慢性传染病。发病初期往往没有明显的症状，以后症状逐渐明显，出现间歇性腹泻。然后逐渐变为经常性的顽固性腹泻。粪便稀薄，恶臭，可带有气泡、黏液和血液凝块，严重时呈喷射状排水样便。早期食欲、精神都还正常，以后食欲减退，不喜食精饲料。饮欲增强，逐渐消瘦，眼窝下陷。经常躺卧，不愿走动。泌乳逐渐减少，最后完全停止。皮肤粗糙，被毛粗乱，下颌与垂皮水肿。体温常无明显变化。有时病情可能一度好转，腹泻停止，排泄物正常，体重也有所恢复，但随后可能再度发生腹泻。如给予多汁饲料可加重腹泻症状。如腹泻不止，一般经3～4 个月即衰竭而死。对症用药后腹泻有时可暂停，停药后即复发。

（四）病理变化

剖检可见病牛尸体极度消瘦，主要的病理变化位于消化道和肠系膜淋巴结。空肠、回肠和结肠前段，尤其是回肠，其浆膜和肠系膜显著水肿，肠黏膜增厚达 3～20 倍，并形成明显的横向行脑回状皱褶。黏膜呈黄色或灰黄色，皱褶凸起处常呈充血状，并附有黏稠而浑浊的黏液，但通常无结节、坏死或溃疡病灶，更不见干酪样钙化灶。有时从外表观察肠道并无明显变化，切开后则可见肠壁明显增厚。浆膜下淋巴管和肠系膜淋巴管肿大呈索状。淋巴结切面湿润，表面有黄白色病灶，有时则有干酪样病变。淋巴管粗大呈绳索状。脾脏肿大，颜色变深。心肌柔软，严重心衰。肺脏见明显的间质性肺气肿，颜色发白，质地柔软，肺泡明显可见。

(五)诊　断

根据本病的流行病学特点、临床症状和病理变化，一般不难做出初步诊断，但确诊需做实验室检验。

病原学检查可采取混有黏液、血液和黏膜的粪便作为标本，也可从病牛直肠深部刮取少量黏液粪便，直接涂片染色镜检。细菌培养时则采取肠和肠系膜淋巴结。做病理组织学检查可将肠和肠系膜淋巴结置于 4%甲醛溶液中固定。

副结核皮内变态反应属于第 Ⅳ 型变态反应(迟发型变态反应)，本法是目前国际上广泛应用的副结核诊断方法，其检出率一般为 60%～80%，也有 90%以上的。据多数学者认为，它适用于诊断无症状或症状不明显的动物，能查出大部分患隐性副结核的牛和羊。副结核菌素对牛的检出率可达 94%。应用提纯副结核菌素或禽提纯结核菌素皮内注射进行变态反应检查。操作方法是取上述菌素 0.2 毫升注射于待检牛颈侧皮内。注射后 72 小时观察注射局部有无热、肿、痛等炎性反应，用卡尺测量局部皮肤厚度，若局部有炎性反应，皮厚差大于或等于 4 毫米(进口动物皮厚差大于 2 毫米)的判为阳性反应。若局部炎性反应不明显，皮厚差为 2.1～3.9 毫米的判为疑似反应。疑似反应者，在 3 个月后重做 1 次。若仍为疑似则判为阳性。

（六）防控与扑灭措施

本病目前尚无特效治疗药物。预防应在加强饲养管理、搞好环境卫生和消毒的基础上，强化引进牛的检疫。无本病的地区或养殖场禁止从疫区引进种牛，必须引进时则应进行严格检疫，确认健康无本病时方可混群饲养。

被本病污染的地区或养殖场，应在随时观察和定期临床检查的基础上，对所有牛只每年定期进行 4 次（间隔 3 个月）变态反应或酶联免疫吸附试验检疫，连续 3 次检疫不出现阳性反应牛时，可视为健康牛群。

检疫阳性牛应按照不同情况采取不同方法处理：即有明显临床症状的开放性病牛或细菌学检查阳性的病牛应及时扑杀处理；但对妊娠后期母牛则可在严格隔离，保证不散播病菌的前提下于产犊后 3 天进行扑杀处理。对变态反应阳性牛，要采取集中隔离、分批淘汰的方法，隔离期内要加强临床检查和细菌学检查，发现有临床症状或细菌学检查阳性者，及时进行扑杀处理。变态反应疑似牛，应每隔 15～30 天再检疫 1 次，连续 3 次检查的疑似牛可酌情处理。

在检疫的基础上，应加强环境消毒，切断本病的传播途径。病牛用过的牛舍、栏杆、饲槽、用具、绳索和运动场等，要用生石灰、甲酚皂、氢氧化钠、漂白粉、石炭酸等消毒药液进行喷雾、浸泡或冲洗消毒。粪便应堆积，高温发酵后用作肥料。

关于副结核的人工免疫，虽有弱毒菌苗和灭活油佐剂苗试验应用的报道，但未获得满意结果。

十一、腐 蹄 病

坏死杆菌是牛腐蹄病最常见的病原微生物，所以本病又名指

(趾)间坏死杆菌病。本病可引起指(趾)间隙皮肤及下面软组织的急性或亚急性炎症,常导致蹄部皮肤坏死和裂开,炎症常常从指(趾)间隙皮肤,蔓延至蹄冠,引起跛行和体温升高。

本病在世界许多国家都有发生。英国奶牛的腐蹄病占所有跛行的15%以上;在其他国家,如澳大利亚、奥地利、荷兰、丹麦、德国、罗马尼亚、瑞士、美国和前苏联,本病同样严重,发病率很高。本病在我国也常有发生,对奶牛业影响较大。

关于本病的发病季节,各国比较一致的看法是春季多发,但四季皆有发病的报道。所有品种的牛都可发病,但奶牛发病率更高。

任何年龄的牛都可发病,从几周龄到老年牛都可发病。荷兰等国调查表明,发病最多的年龄是2～4岁,40%以上的牛发生在产前50天。

(一)病　因

目前,本病的发病原因和病原体尚有一定争论。许多学者同意坏死杆菌是本病的病原菌,指(趾)间隙是微生物的侵入部位。但也有报道称有的病例是以血源感染的。

指(趾)间隙被异物刺伤,或被稀粪、稀泥浸泡,可使指(趾)间皮肤软化,这些都为病原菌侵入打开了门户。

指(趾)间皮炎、球部和蹄冠部皮炎、疣性皮炎、指(趾)间皮肤增殖和牛病毒性腹泻-黏膜病等可并发坏死杆菌感染。

(二)临床症状

在病变发展后几小时内,观察力敏锐的畜主可注意到1个或更多的肢出现跛行,系关节屈曲,以蹄尖轻轻负重,约75%的病例发生在后肢,犊牛有时四肢都可被侵害。

18～36小时以后,指(趾)间隙和蹄冠部出现肿胀,皮肤出现小的裂口,有难闻的恶臭气味,裂口表面可形成伪膜。

36～72 小时后，病变可变得更显著，指(趾)部和系关节可出现肿胀，两指(趾)明显分开。牛此时有剧烈疼痛，病肢常想离开地面提起，体温常常升高，食欲减退，产奶量明显降低。再过 1～2 天后，指(趾)间组织可完全剥脱，转归好的病例，以后出现机化或纤维化。某些病例坏死可持续发展至深部组织，出现各种并发症，甚至引起蹄匣脱落。

(三)诊　断

根据症状和实验室检查可以确诊，但应与引起的并发症和蹄部化脓性疾病做鉴别诊断。

(四)防控与扑灭措施

及时发现并采取合理的治疗措施，预后良好。延误治疗时机的病例或治疗不合理的病例，预后慎重。发展至深部组织的病例，多预后不良。

1. 全身治疗　全身可用磺胺类药物治疗，如磺胺二甲嘧啶，4 克/100 千克体重，静脉注射。抗生素可用青霉素或广谱抗生素。对体温升高病例要注意对症治疗。

2. 局部处理　病蹄用防腐液清洗后，去除所有游离的指(趾)间坏死组织，伤口内放置抗生素或磺胺类药物，也可涂抹蹄炎膏等药物，然后用绷带包扎，绷带包扎时不要影响引流，3～4 天换药 1 次。

对于局部病变较轻的病例，可采用局部开放治疗，每日用 0.1%苯扎溴铵溶液或 4%硫酸铜溶液浇洗(或浸泡)病蹄 3 次，将病牛置于干燥、卫生的牛舍中护理。

3. 预防措施

第一，用 4%硫酸铜溶液或聚维酮碘溶液进行蹄浴是防治本病的一种有效方法。

第二，饲料中添加硫酸锌也是防治本病的有效方法之一，4～6毫克/千克体重，可长期添加。

第三，清除牛舍地面异物，防止蹄部损伤；保证牛舍干燥，防止粪尿浸渍蹄部。

十二、犊牛副伤寒

犊牛副伤寒也叫犊牛沙门氏菌病。对犊牛危害巨大，呈地方性流行。发病率高达20%～70%，致死率高达5%～75%。成年牛也可发病，但多为散发或隐性带菌。

(一)临床症状

犊牛副伤寒可分为急性型和慢性型两大类。

急性型主要以败血症、急性肠炎和肺炎症状为特征，生后48小时左右即可发病。病程短的2～3天发生死亡，大部分在10天左右死亡，病程长者20多天死亡。也可转为慢性型。

慢性型主要以关节炎症状为特点，病程较长、可达30～50天。

近年来，以关节炎为特征的慢性型病例较为多见，以败血症、急性肠炎和肺炎症状为特征的急性型病例相对要少见一些。下面以慢性型为重点进行介绍。

慢性型的主要临床表现为：犊牛多在出生后7～10天发病，以关节肿胀为主要特征，关节肿胀具有一定的对称性，或为两前肢关节（腕关节、肩关节）肿大，或为后肢关节（跗关节、膝关节）肿大。患病犊牛不愿走动、跛行、喜卧，食欲下降，精神沉郁。体温一般为40℃～41℃，发病1周后体温大多恢复正常。病牛消瘦，有些伴有轻度腹泻症状。个别患病犊牛流脓性鼻液，伴有呼吸道炎症症状。病程可达30～50天。

成年奶牛发病时间均在产后1个月以内。主要症状为两侧腕关节或两侧跗关节肿大，或跗关节和一侧膝关节肿大，跛行明显。严重者继发关节化脓感染，卧地后起立困难，体温升高（41℃左右），精神沉郁，产奶量显著下降或无奶。病牛消瘦，病情重者可导致淘汰。

（二）病理变化

慢性型病例关节腔内有多量、红色、混有少量纤维素絮片的液体。关节周围腱鞘肿大，腱鞘中含有多量淡红色渗出液。

肝脏、脾脏肿大，肝脏上有点状坏死灶。膀胱、肾脏有少量出血点，肠系膜淋巴结出血，肺脏有炎性区。

（三）诊　断

用病牛肝脏组织在琼脂培养基上触压，然后进行培养，对培养出的菌落进行染色（革兰氏染色）观察，显微镜下发现有红色短小的副伤寒杆菌。

用腱鞘中的炎性渗出液涂片染色（革兰氏染色），显微镜下发现有红色短小的革兰氏阴性杆菌。

结合临床症状和病理变化，即可做出诊断。

（四）防控与扑灭措施

1. 治疗　本病的治疗原则是杀菌消炎、止痛排液，兼顾局部治疗和全身治疗。

（1）*全身治疗措施*　用土霉素针剂每日肌内注射1次，或注射头孢噻呋进行治疗。其次是对症治疗，如进行解热镇痛（注射安痛定）治疗、补液治疗、支持营养治疗等。

（2）*局部治疗措施*　对肿胀严重者穿刺排液后向内注青霉素、链霉素、地塞米松、盐酸普鲁卡因进行治疗，可进行2～3次，但操作过程中要注意严格消毒。

利用青霉素和盐酸普鲁卡因在关节上方进行封闭治疗，隔日1次。

肿胀关节上涂抹“乳肿康”进行治疗也有一定疗效。

2. 预防 本病比较复杂，奶牛一旦感染本病，难于彻底消除。因此，必须采取综合措施进行控制净化。重治疗、轻综合预防的思想是十分有害的。

本病的感染途径主要经消化道感染。成年牛感染本病后多为散发或隐性带菌，无临床表现的带菌牛是导致本病扩散的主要传染源，病牛和无临床表现的隐性带菌牛通过粪便、尿液、胎水、胎衣等排出病原菌污染环境，从而导致犊牛发病。所以，做好产房管理工作是防控本病的关键环节之一。

第一，做好产房消毒工作，及时清理排出的胎衣、胎水等分娩排出物，地面用3%氢氧化钠溶液认真消毒，每日、每产认真消毒。防止母牛通过分娩排出物对产房环境造成污染，防止犊牛通过接触隐性带菌母牛的分娩排出物而感染发病。

第二，犊牛出生后，立刻单独隔离饲喂，犊牛舍在全面彻底消毒1次后，每日坚持消毒1次，所用消毒液为苯扎溴铵或氢氧化钠。

第三，产房安排专人昼夜值班，保证犊牛在出生后1小时内吃上初乳，喂量为1.5～2千克，每日3～4次，可提高犊牛自身免疫力。

第四，认真做好断脐工作，断脐后用5%碘酊浸泡断端，防止新生犊牛通过脐带感染本病。

第五，犊牛出生后，全部喂服药物进行预防控制，喂服时间为连续5天。土霉素粉，每日1次，每次直接向口中喂服2克；或口服注射用链霉素，早、晚各1支(100万单位)。

第六，对发病牛立即进行隔离治疗。

第七，对无治疗价值的重病例及时进行淘汰处理。

思考题

1. 什么是口蹄疫？为什么口蹄疫被国际兽疫局列为 A 类家畜传染病之首？

2. 什么是牛传染性鼻气管炎？如何进行防控？

3. 什么是牛梭菌性肠毒血症？如何进行预防？

4. 如何预防犊牛副伤寒？

5. 奶牛布鲁氏菌病的防控与扑灭措施是什么？

参考文献

[1] 齐长明．奶牛疾病学[M]．北京：中国农业科学技术出版社，2006.

[2] 侯引绪，李玉冰．奶牛繁殖技术．北京：中国农业大学出版社，2007.

[3] 吴敏秋，李国江．动物外科与产科．北京：中国农业出版社，2006 .

[4] 侯引绪．新编奶牛疾病诊断与防治．赤峰：内蒙古科学技术出版社，2004.

[5] 赵德明．养牛与牛病防治(第 2 版)．北京：中国农业大学出版社，2004.

[6] 肖定汉．奶牛病学[M]．北京：中国农业大学出版社，2002.

[7] 张德生．动物疫病防治技术．北京：中国农业出版社，1999.